**Listening room 40**

オーディオファンの夢を実現した部屋，厳選40室
# リスニングルーム探訪

オーディオ再生を気兼ねなく行えるリスニングルームを持つことは，オーディオファンの夢です．本書は，『MJ無線と実験』2013年4月号から2019年3月号にかけて収録した，「Hi-Fi追求リスニングルームの夢」を再編集して収録したもので，大きく「既存の部屋を利用したリスニングルーム」，「専用に建築したリスニングルーム」，「オーディオメーカーのリスニングルーム」，「オーディオ業界人のリスニングルーム」，「石井式リスニングルーム」に分類し，合計40室を紹介します．

MJ無線と実験編集部・編
2019年5月20日　発行

# リスニングルーム探訪　目次

## ■ 既存の部屋を利用したリスニングルーム

- 6 … 2A3と300Bパラシングルパワーアンプで聴くジャズの熱気 ………… 篠　義治氏（執筆）
- 12 … バランス構成真空管アンプで音楽を楽しむ ……………………………… 安井洋介氏
- 18 … ジャズ再生のためのアナログ機器コレクション ……………………… 石居　寧氏（執筆）
- 24 … 麹室に隣接する和室12畳のリスニングルームでジャズを楽しむ……… 石橋恒男氏
- 30 … アルテックとJBLのシステムでポピュラー音楽を楽しむ …………… 横山　仁氏
- 36 … アルテック4ウエイマルチアンプシステムをデジタルで構築 ……… 鈴木正孝氏
- 42 … ローディーHS-400を徹底的に使いこなす …………………………… 栗山公志氏（執筆）
- 48 … 自作スピーカーとデジタル信号処理で波形再現を目指す …………… 阿仁屋節雄（執筆）
- 54 … 10Hzまで再生可能なスピーカーシステムでリアルな音楽再現……… 田中博久氏
- 60 … コラム　リスニングルームでのスピーカーとリスナーの位置

## ■ 専用に建築したリスニングルーム

- 62 … 休日だけの贅沢なオーディオと音楽の隠れ家 ………………………… 関　嘉宏氏
- 68 … ハイエンドオーディオ機器のある別棟リスニングルーム …………… 石川要一朗氏
- 74 … レコードコンサートを開催する20畳オーディオルーム ……………… 成宮真一氏
- 80 … ジャズと邦楽を楽しむ，2階吹き抜けのリスニングルーム ………… 町田秀夫氏
- 86 … 材料を吟味し社屋内に建築，名品を集めたリスニングルーム ……… 竹澤裕信氏

| 92 | 自作でウエスタンエレクトリックの音を追求し，音楽を楽しむ | 高井孝祐氏 |
| 98 | デジタル調整の6ウエイシステムで聴く超繊細な音楽表現 | 斉藤洋一氏 |
| 104 | ゴールドムンドのFull Epilogueスピーカーシステムを導入 | 永瀬宗重氏 |
| 110 | 自作大型4ウエイシステムで追求する迫真の音楽再現 | 山崎剛志氏 |
| 116 | ベンディングウエーブ方式超大型スピーカーのあるリスニングルーム | 小原康史氏 |
| 122 | コラム　室内音響を調整する資材1 | |

## ■ オーディオメーカーのリスニングルーム

| 124 | フルレンジリボンスピーカーのあるリスニングルーム | テクニカルブレーン |
| 130 | 研究開発と試作・製造が一体化したオーディオメーカーの試聴室 | オーディオデザイン（執筆） |
| 136 | アナログを追求するフェーズメーションの新試聴室 | フェーズメーション |
| 142 | 住宅街で遮音を徹底，オーディオメーカーの試聴室 | スフォルツァート |
| 148 | 真空管OTLアンプを作り続けるオーディオメーカーの試聴室 | マックトン |
| 154 | 多彩な技術をマスターしたエンジニアが作る超小型オーディオ | BJエレクトリック |
| 160 | オフィスの一室に機器をセットしたオーディオメーカーの試聴室 | ソウルノート |
| 166 | コラム　室内音響を調整する資材2 | |

## ■ オーディオ業界人のリスニングルーム

| 168 | 音楽ジャンルで使い分ける2種類のオーディオシステム | 石黒　賢氏 |
| 174 | 3ウエイマルチアンプシステムのある12畳半地下リスニングルーム | 高松重治氏 |
| 180 | 音楽と映像と鉄道を楽しむ大人の隠れ家 | 関口倫正氏 |
| 186 | 日本で一番新しいアナログマスタリングスタジオ | スタジオDede |

| | | |
|---|---|---|
| 192 | 職場にセットしたヴィンテージオーディオ | 藤井修三氏 |
| 198 | 演奏者，歌い手のリアルな空間描写を求めて | 角田郁雄氏（執筆） |
| 204 | リサーチ事務所からオーディオ喫茶に引越するオーディオシステム | 柳本信一氏 |
| 210 | 壁に砂を入れて完璧な遮音を獲得したリスニングルーム | 亀山信夫氏 |
| 216 | リビングルームでジャズのレコードを楽しむ | 万木康史氏 |
| 222 | 縦長の8畳洋間に機器をセットした書斎兼リスニングルーム | 岩出和美氏 |
| 228 | 仕事はヘッドフォン，プライベートはスピーカーでハイレゾからSPまで | 角田直隆氏 |
| 234 | コラム　室内音響を調整する資材3 | |

## ■ 石井式リスニングルーム

| | | |
|---|---|---|
| 236 | 石井式リスニングルームで聴くDCアンプとJBLスピーカー | 小田木　充（執筆） |
| 242 | コンサートの雰囲気と感動の，自宅再現を夢見て | 南　英洋氏（執筆） |
| 246 | 6dB/octフィルターで音楽再生を追求するマルチアンプシステム | 鈴木信行氏（執筆） |
| 254 | コラム　石井式リスニングルームの基本 | |

撮影：山口祐康，山口祐太郎
柏木工房（p116〜121，p124〜129）
本文デザイン：アートマン（深澤裕子）
カバーデザイン：NILSON（片桐凜子）

写真は取材当時のものを使用しておりますので，オーナーによっては現在の室内，機材と異なる場合もあります．

# 既存の部屋を利用した
# リスニングルーム

既存の部屋に手を入れることなく，
オーディオ機器をセットした
リスニングルーム．

横山 仁氏

篠 義治氏

鈴木正孝氏

安井洋介氏

栗山公志氏

石居 寧氏

阿仁屋節雄氏

石橋恒男氏

田中博久氏

# 2A3と300Bパラシングル パワーアンプで聴くジャズの熱気

　かつて音研マルチダクト型エンクロージャーを自作するほどオーディオに熱中していた篠氏は，海外出張から帰国するとエンクロージャーが処分されていたことに落胆し，仕事の多忙さもあって，30年間もオーディオを中断していた．あるとき秋葉原で真空管アンプキットに出会い，その音質に驚嘆して，半年ほどの間にオーディオシステムを一気に構築してしまった．それでは篠氏のシステム全貌を拝見しよう． 　　　　（MJ編集部）

スピーカーシステムは4系統あり，左の自作システムは小澤隆久氏がMJ誌に発表した作例を，記事どおりに専門店に板材カットを依頼して自室で組み立てたもの．中央上のJBLと下のアルテックは，インターネットで海外から個人輸入．右のハーベスはクラシック小編成を楽しむために入手

東京都練馬区
**篠 義治氏** SHINO Yoshiharu

## 中学生時代から真空管に親しむ

　私のラジオの体験は幼少期，まだテレビも普及していない昭和30年ごろ，ラジオドラマを夕方聴くのが日課になっていたのが，わずかな記憶として残っています．その後小学生のとき，鉱石ラジオにニクロム線のアンテナを庭の木の先端から引いて，よく聴こえると喜んでいました．

　本格的に真空管と接するようになったのは，中学3年生の技術科の授業で3球ラジオの製作があったときのことです．ハンダゴテを初めて握り，電線をパーツからパーツへつないでいくことが楽しくて，授業で3か月かけて作るものを，放課後残って2週間で作ってしまいました．ラジオ製作に興味のない友人のラジオを次々と作らせてもらい，1か月でクラス全員のラジオが完成してしまいました．

　その後大学生になり，オーディオアンプを自作している友人ができました．いろいろと話を聞いていると無性に作りたくなり，友人に相談して6BQ5プッシュプルアンプを製作することにしました．1970年代の秋葉原はオーディオ全盛で，小さな部品屋さんが軒を連ねていました．友人に連れられて部品屋さんを回っている間に，気がつけば授業をさぼっ

音源装置はデノンのSACDプレーヤー，パイオニアのネットワークプレーヤーとパソコンで，パソコンからのUSB配線はトライオードのD/Aコンバーターに接続．入出力セレクター，ラインアンプにはサン・オーディオ製品を使用

アルテック2ウエイシステムは2チャンネルマルチアンプで駆動．チャンネルデバイダーは柳沢正史氏の作例を追試したもの

て連日のアキバ通いとなってしまいました．

当時の秋葉原にはオーディオショップもたくさんありました．スピーカーの箱屋さん，ユニット屋さん，トランス，真空管など専門店が自慢のシステムを組み，ジャズ，クラシックなどを鳴らしており，何時間いても飽きませんでした．JBL，アルテック，タンノイなどの高級スピーカーに，マッキントッシュ，マランツなどの当時最高のアンプの音を，買えない学生にも気前よく自慢げに聴かせてくれる店が何軒もありました．

## 音研型スピーカーボックスを自作

そのころから『無線と実験』が愛読書になり，発売日が待ち遠しく，発売当日に必ず購入していました．いろいろなスピーカーを聴いているなかで，アルテックA7が特に気に入り，何とか手に入れたいと考えていましたが，学生がアルバイトで買えるような価格ではなく諦めていました．そんな折，『無線と実験』に音研の38cmウーファー用スピーカーボックスの製作記事が掲載されました．ユニットはA7と同じウーファー416，ホーンに511B，ドライバーが802で構成されていました．A7と比較して遜色ないとの記事でした．これなら手が届きそうなので，箱を作ることにしました．

片チャンネルで24mmのラワン合板を3枚も使う大型の箱で，製作に半年もかかってしまいました．ユニットもバイト代が出るたびに1点ずつ購入

リスニングルームは椅子の背面にある床の間と押し入れを入れれば10畳相当の和室．音源機器とコントロールアンプを手前に置き，スピーカーとの間にパワーアンプを並べている

したため，ウーファーはアルテックグリーンと黒の色違いになってしまったことなど，懐かしく思い出されます．このスピーカーは苦労しただけあって，素晴らしいアルテックサウンドを聴かせてくれました．これ以外にもA級30Wトランジスターアンプなどを『無線と実験』の記事を見ながら自作して楽しんでいました．

就職して結婚と環境が変わり，じっくりオーディオを楽しむ時間がなくなりました．仕事では海外赴任，名古屋へ単身赴任と，ますますオーディオとは疎遠になり，気がつけば30年がたっていました．

## 30年のブランクを半年で取り戻す

昨年納戸を整理していると，当時ラックスキットで作ったA3300プリアンプとA2500パワーアンプが出てきました．さっそく電源を入れて音を出してみましたが，音が歪んで聴けるものではありません

でした．しばらく思案して修理することにしましたが，30年以上アンプ製作から遠ざかっており，自分で修理することは諦め，インターネットで修理する方を見つけて依頼しました．

修理完了したアンプを聴いてみると，懐かしい真空管の音に引き込まれました．修理された方のご自宅へお邪魔して，アルテックとWE300Bシングルアンプを聴かせてもらい，懐かしいアルテックの音にすっかり酔いしれてしまいました．すぐにインターネットでアルテックのバレンシアを探して，ロサンジェルスから個人輸入しました．バレンシアはA7と同じユニット構成の16Ω仕様で，ウーファーが416A，高域がドライバー806Aとホーン811B，ネットワークにN800Gを使用しています．

次にアンプが作りたくなり，サン・オーディオの2A3パラシングルアンプキットを製作しました．組み上げて電源を入れ，きれいな音が出た瞬間の喜びは昔と変わらないものでした．バレンシアをこのア

音源機器とコントロールアンプが手前にあるため、操作は容易だが、スピーカーの音がやや遮られるので、これらの移動を検討している。パワーアンプはサン・オーディオの300Bパラシングルと300Bシングル、KTエレクトロニクスのEL34シングルを切り換えて使用。2A3パラシングルはアルテックをマルチアンプ駆動

物置きに長い間収納されていたラックスキットの真空管セパレートアンプは業者にレストアを依頼。真空管は良品を見つけ次第入手しているという

ンプで聴いていましたが、高域の解像度が気になりだし、ネットワークのアッテネーターを調整すると音質そのものが変わるような気がしました。40年以上前のスピーカーですので、ネットワークのコンデンサーやアッテネーターが劣化している可能性もありました。サン・オーディオの内田昌穂社長（当時）に相談すると、「マルチアンプにしたらどうか」と勧められ、アンプの製作に火が点いていましたので、追加で2A3パラシングルアンプを2台とプリアンプのキットを作りました。

チャンネルデバイダーは『MJ無線と実験』2004年5月号の柳沢正史氏の記事を参考に自作することにしました。キットと違い自分で部品を集めるのに大変苦労しました。昔と違い秋葉原の部品屋さんも少なくなり、生産中止の部品もあってすべてを揃えるのに2か月かかりました。これから本格的にアンプ製作をするには計測器も必要と考えて、パナソニック製オーディオアナライザーとミリバル、オシロスコープの中古を購入して、チャンネルデバイダーの製作に臨みました。

篠氏は真空管アンプキットを二晩くらいで完成させる腕前の持ち主．WE300Bを「もったいない」と使わずにストックするほど損なことはないという

アンプなどの製作と調整を行うスペースにはオシロスコープ，発振器，オーディオアナライザーを備える．また野鳥撮影用のデジタル一眼と望遠レンズ，フライフィッシング竿などが整然と収められている

　マルチアンプシステムに変更後は，音抜け，解像度も大きく改善され，アルテックサウンドがよく出ています．
　一度夢中になると止まらない性格で，真空管オーディオフェアで聴いた，小澤隆久氏が設計したQWT型スピーカーの音質が素晴らしく，製作したくなりました．会場でいろいろ質問させていただき，MJ誌に掲載された設計図と製作記事を参考に作ることにしました．合板の切り出しが一番難しいので，インターネットで切り出しまで行ってくれる業者を探して発注しました．スピーカーユニットはフォステクスのFE208EΣとスーパートゥイーターT90Aの組み合わせです．このスピーカーを聴いた人がみなさんよいと言ってくださるので，気をよくして，このスピーカー用にサン・オーディオのSV-300BEのシングルアンプのキットを製作しました．明るく伸びのある300Bの音がすっかり気に入りました．
　こうなるとサン・オーディオの300BパラシングルアンプSV-330BSMが欲しくなり導入しました．真空管も前段RCA5692，ドライバーにマツダ6V6，出力管WE300B，整流管WE274Aと評価の高いものにしました．伸びのある大変満足できる音になり，メイン装置となっています．

## これからの夢

　1950年から70年代にかけてはアメリカの黄金時代で，映画文化の花が咲き，ウエスタンエレクトリックなどの製造業も自信に満ち溢れていたと想像できます．その時代に作られたWE300Bが欲しくて今後入手する予定です．
　リスニングスペースは和室8畳間に床の間があり実質10畳ほどです．客間として準備した部屋で，リスニングルームと呼ぶにはほど遠く，将来は何とかしたいと夢を抱いております．
　音源はレコードが1枚も残っていないので，CDとパソコンとトライオードDAC，パイオニアN-50を使用したネットワークオーディオで楽しんでいます．DACによる音の違いは，昔レコードプレーヤーのカートリッジによる音の違いを楽しんでいたころが思い起こされます．CDプレーヤーとプリアンプの間にDACを入れると音が落ち着くような感じがあり，DACを通して聴くことが多くなっています．
　アンプの製作から音楽を聴くようになりましたが，特にジャズが好きになり，アメリカに駐在していたときは各地のジャズクラブへ聴きに行きました．音響など考えず，どんな空間でも楽しく演奏するスタイルが印象に残っています．
　還暦を迎えて30年ぶりにオーディオを再開しました．この30年のギャップを埋めるように，半年でパワーアンプを中心に10台ほど製作しました．今後も年に1台はアンプを作りたいと思っています．まだ当分は現役で仕事をしていきますが，リタイア後の道楽として続けられるように，知識を蓄えたいと思います．

# バランス構成真空管アンプで音楽を楽しむ

　オーディオ雑誌でアンプ製作記事を発表する方は，基本的にはアマチュアで，それを生業とする方は少数派である．今回編集部が訪問した安井氏は，大手オーディオメーカーで半導体アンプやデジタル回路の設計に携わり，退社後の10年間ほど，個人事業主として真空管アンプの製造販売を行っていた．現在は受注を終了しており，それらをベースにして改良を加えたオリジナルのアンプで音楽を楽しんでいる．　　　　（MJ編集部）

神奈川県横浜市
安井洋介氏 YASUI Yosuke

## 中学生のときにオーディオに目覚める

今回取材に応じてくださった安井洋介氏は，大手オーディオメーカーのエンジニアを辞してのち，30年の経験を活かした手作り真空管アンプの設計・製造・販売に着手，「エムワイプロダクツ」として数十台の真空管アンプを受注した，ユニークな経歴の持ち主である．

現在「エムワイプロダクツ」はすでに業務を終了し，安井氏は悠々自適の生活を送っておられる．そこでMJ編集部として製作記事の原稿依頼を行い，発表できる目処が立ったため，その前段階として，今回リスニングルーム訪問取材を受けてくださったのだ．

安井氏が中学3年生のとき，友人宅に遊びに行くと，友人の兄がアマチュア無線とオーディオ自作を趣味としていて，そのスピーカーと真空管アンプを聴かせてもらったところ，再生音の低音の迫力に驚いて，オーディオに関心を持つようになったという．それまでは『子供の科学』読者で，鉄道模型にも関心がある程度だったのが，友人の兄が貸してくれた電気の本を読むようになり，いつかはアンプを作りたいと考えるようになったそうだ．

高校生になるとアルバイトをして費用を稼ぎ，3極管6R-A8プッシュプルアンプを初めて作ることになった．自分で設計した回路は父親の知人の理科の先生に添削してもらい，秋葉原で部品を揃え，完成することができた．同時にスピーカーも自作し，セラミックカートリッジと組み合わせてレコード再生を楽しんでいた．このアンプは就職するまで使用していたそうだ．

大学卒業後，オーディオメーカーの入社試験を受け，念願かなって合格，オーディオ設計の部署に配属された安井氏は，やがて手がけたアンプが雑誌アワードで受賞するようになり，海外向けのレシーバーを担当するにいたってオーディオへの情熱がデジタルへと移り，デジタルオーディオ回路に興味を持つようになった．

また，当時開発が始まったばかりのデジタルカメラにも関わり，撮像素子やメモリーカードも作ることになった．当時のデジタルカメラは貧弱なスペックで，今日のように画素数が飛躍的に多くなり，フィルムカメラがほとんど絶滅するような状況は想像できなかったという．

## 独立してアンプ設計・作家となる

プロのアンプ設計者の視点で自分のための真空管アンプを作ることになったのは，20年近くも前のことで，その後のエムワイプロダクツの製品につながっていく．新たに製作したアンプはそれまでの経験を活かしたもので，ソースを選ばないストレートさを獲得していた．2005年2月にエムワイプロダクツを設立し，現代スピーカーを充分ドライブで

手前はデンオン製パーツで構成したアナログプレーヤー，中央はフォノイコライザーと電源部，奥はラインコントロールアンプ．アンプはすべてバランス回路を採用した安井氏のオリジナル

ラックの中にFMチューナーとCDプレーヤーを収めている．CDプレーヤーは知人が設計したというソニーCDP-XA50ES

ていく．

　安井氏はまだ誰も挑戦していない方式に意欲的に取り組み，受注した真空管アンプを完成後に引き渡し，それで音楽を聴いたオーナーが喜ぶ姿を見て，この仕事に就いてよかったと実感したという．大メーカーにいてはユーザー一人一人と向き合う機会もないまま，アンプの設計を行うわけだから，そのような喜びを味わうことも少ないだろう．

## 工夫を要したスピーカーの設置

　自宅リスニングルームは約10畳のフローリングで，内装は聚楽壁と障子のある和風，変形平面プランの部屋である．スピーカーの導入当初は純正スタンドに載せていたが，飾り棚の前に置くことで低音不足となり，また正面壁の角度と左右面の条件が異なることで音像定位が悪かったため，現在は作り付けの飾り棚に載せ，左右に反射板を立てている．こうすることで充分な低音再生が可能となり，左右面の条件の差が気にならなくなり，音像定位が明確になったそうだ．

　スピーカーが載る飾り棚の奥は1階まで吹き抜

きる真空管パワーアンプを開発することになったのは，自宅でB&WのNautilus 805を使用し始めたことによる．

　その基本は，高い安定性，低い出力インピーダンス，低ノイズなどを目指し，NFBを安定して施す位相補償テクニック，MOS-FETによる定電圧回路を使用したB電源，バランス増幅方式に結実し

2階の部屋に置いたオーディオシステム．作り付けの飾り棚に載せたスピーカーを，右チャンネルを前側に出し，左チャンネルをやや後に下げているのは，音像定位を調整した結果．左右の壺は口に本などを置いてふさぎ，共鳴しないように処理

右が常用の6550プッシュプルパワーアンプで，さまざまな改良の結果，元々付いていたチョークコイルが廃された．左はEL34プッシュプルパワーアンプで，販売していたものと同等．どちらも差動入力，全段プッシュプル構成で，6550アンプはバランス入力になっている

2階のリスニングルームは変形で，左側は眩しいばかりに陽当たりのよいガラス戸の内側に障子がある．音源機器とコントロールアンプはリスニングポイント側に置き，バランスケーブルを長く伸ばしてスピーカー側に置いたパワーアンプに接続することで，スピーカーケーブルを最短にできた．安井氏はアンプ受注を終了しているが，ホームページは存続している（http://www002.upp.so-net.ne.jp/MY-products/index.html）

けになっており，万一の落下防止のために，スピーカーを真田紐で棚板に固定している．ここに無粋なPPバンドなどではなく，強度も見た目も優れた真田紐を使う点は，安井氏のセンスのよさをうかがわせる．

アンプ設計者のなかには，アンプが一番オーディオに影響力があり，部屋の善し悪しは二の次と考える人もいるが，部屋の定在波などの影響から逃れることはできないため，スピーカーの置き方，聴く位置の調整が必要だ．

安井氏はこの部屋ゆえにスピーカーの置き方の重要性に気付き，起きている問題への改善策を立てることができた．比較的小さなスピーカーを使用していることもあり，思い付いたことをすぐに実行して効果を確認できたのだ．

トーンコントロールやGEQなどを用いて電気的にスピーカー伝送特性を調整する以前に，スピーカーの設置場所を充分検討することが重要で，容易に移動のできない大型スピーカーでは電気的調整に頼ることが多く見られるのは，おもしろい現象だ．

## オリジナル製作の真空管アンプ

レコードプレーヤーはアンプを注文した方が分けてくださった．デンオンの古いベルトドライブターンテーブルを使用したもので，トーンアーム，カートリッジもデンオン製を使用している．

アンプに目を転じると，現在はフォノイコライザーからパワーアンプまですべてバランス増幅・バランス伝送を実現している．

フォノイコライザーのバランス構成MCヘッドアンプ部は残留ノイズを重視して半導体式とし，イコライザー部は真空管による2段差動回路を使用したバランス増幅のNF型を開発している．

イコライザー部は，初段が真空管とトランジスターによるカスコード接続の差動，2段目も差動で，充分なゲインを稼ぎ，出力段は当初カソードフォロ

ワーで出力インピーダンスを下げ，NF型EQ素子をドライブしていたが，現在ではクロスシャントプッシュプル回路に変更している．NFBループもバランス構成のためEQ素子が2組用意されている．

　ラインコントロールアンプも真空管によるバランス増幅で，初段が真空管とトランジスターによるカスコード接続の差動，出力段がクロスシャントプッシュプル回路とシンプルな2段構成になっている．このラインコントロールアンプの詳細は，MJ誌で発表されている．

　パワーアンプは6550プッシュプルで，新しいアイデアが生まれた際，それを試して効果を確認してきたため，売り物とは異なってシャシーに孔があいていたりする．

　回路は初段が真空管とトランジスターによるカスコード接続の差動，2段目も真空管による差動で，UL接続の6550プッシュプル出力段をドライブする構成．バランス接続の入力端子を持ち，先述のラインコントロールアンプと組み合わせている．

　以前はリスニングポイントにパワーアンプを置いて，スピーカーケーブルを長く引き回していたが，バランス接続にしてからはパワーアンプをスピーカーのそばに置くことができ，スピーカーケーブルを短くした結果，音もよくなったという．

　これらのアンプの電源部には，MOS-FET制御の定電圧回路を使用し，低内部インピーダンスと低雑音，優れた音質を実現しているという．

　安井氏のアンプ回路と電源回路は，綿密な理論に裏打ちされており，つねに測定と試聴とをすりあわせているのは素晴らしいことだ．

　安井氏のホームページのコラムに以下のような深いことばが書かれていたので，引用させていただく．

　「アンプはただ無歪で増幅すれば良いと言うものではない．入力インピーダンス，出力インピーダンス，もちろんノイズなど考えなければならない性能はまだある．今回ある結論がうまく引き出せればアンプの理想に少しは近づくことができる．こうなるとただ［何も足さない，引かない］だけでアンプの理想を述べるのには無理があることかもしれない」

スピーカーはB&WのNautilus 805で，タオックのインシュレーターに載せることで音質向上を果たした

リスニングルーム隣室にある測定器完備のワークベンチ．ここで真空管アンプの製作と測定を行う

プレーヤーはケンウッドKP-1100のウッドキャビネットを取り除いたもので，プラッターは3枚重ね，JBLのホーントゥイーター075はアルニコ仕様で，左右が馬蹄形フランジの旧タイプ

# ジャズ再生のための
# アナログ機器コレクション

「音響空間クリニック」でお世話になっていたカメラマン岩井猛さんから，ぜひ紹介したい人がいると声がかかり，二つ返事でお邪魔することになったのが，今回の石居寧さん宅だ．このトップページからインパクトのある怪しげな機材を掲げるが，オーディオとジャズにのめり込んだ石居さんの「カオス」は，ほんの一部分を紹介できるに過ぎない．仕事を離れてプライベートで再訪問したい部屋だ． 　　　　　（MJ編集部）

6畳和室に膨大な量の機材を詰め込んだ石居氏のリスニングルーム．プレーヤーはこの写真に写っているだけでも10台，反対側の押し入れにも数台，屋根裏にもある．左側にアームコレクションがズラリ．左手前はトーレンス TD-124mk II ＋石膏ボードベースに取り付けた FR-64 アルミタイプ＋デノン DL-103

天井板を抜いて梁を現しにして室の容積を拡大．屋根裏にも機器ストック，リペアのための作業スペースを設けている

希少なスタックス CPX で LP 再生を行う石居氏

東京都足立区
**石居 寧氏** ISHII Yasushi

## 14歳からの自作ファン

私がオーディオに目覚めたのは14歳の中学3年生の終わりころ，1969年にトランジスターがゲルマニウムからシリコンに替わり，新しい回路が毎年発表され，新製品が目白押しのオーディオ隆盛期でした．都立高校への入学祝いに買ってもらったのがパイオニアのプリメインアンプとチューナーで，これが最初のオーディオ機器でした．これらは記念に，今でも動作可能な状態に整備して所有しています．提示された予算一杯で，この2台とヘッドフォンでスタートしました．

スピーカーはもちろん自作です．三菱ダイヤトーンのロクハンフルレンジを自作のディストリビューテッドポート型のボックスに入れて楽しみました．

プレーヤーのほうは，欲しかったFR-24mk IIやSME3012は当然買えず，オーディオテクニカの

左はSP-10MK I で，ダブルアームがグレース G-640＋MM とテクニクス EPA-100＋EPC-205mk3．右はデンオン DP-3000 で，スタックス UA-7 と UA-70 と組み合わせ，どちらもスタックスのコンデンサー型 CP-X 専用．イコライザー POD-XE もそれぞれ検波増幅可能な状態ではあるものの，現状ホコリ取りの最中

宝飾店から放出された陳列ケースに，大量のトーンアームコレクションを収納．左からソニー，オーディオテクニカ，サエク，東京サウンド，スタックス，グレース，SME，オーディオクラフトなどがあり，これでもかなり処分したあとだという

AT-1005 II を秋葉原のガード下で購入．モーターは，ソニーやテクニクスの出たばかりのダイレクトドライブではなく，ソニーのベルトドライブ TTS-2400 でした．このころに，モーターはテクニクスかソニーのダイレクトドライブという，信仰心にも似た気持ちが芽生えました．

　アームに関しては AT-1005 II は妥協で買い求めたものの，実に扱いやすく精密なものでした．一度スピーカーから音が出なくなり，いろいろ調べた結果，アームに原因があると突き止め，昌平橋の脇にあったオーディオテクニカ営業所に持ち込みました．高校生相手に親切に対応してくれて，内部配線を当時一番新しい物に変更して，ベアリングも入れ替えてくれました．さらにスムースでいい音になっ

左上はJBLのLE8Tに見えるが，実は2115からコーン紙を変更したもの．奥は進工社のエンクロージャーに入ったLE8Tとパッシブラジエーター PR8．下のメインスピーカーの中音は2420ではなく375とH93．低音はロールエッジのLE15Aで，高音は075，ネットワークは3133

上から，クラッセのプリアンプAudio30，その下がサンスイの試作プリアンプ．パワーアンプはサンスイB-2301Lでバランス接続．最下段のB-2301Lはピークメーターの LED 化作業中．手前に見えているのはステラヴォックスのオープンデッキ

たアームは，その後30年近く故障なしに使えました．この一件からアームに対する興味が湧き始め，国産のグレースや東京サウンド，スペックス，スタックスやFRなど，その造形美に惹かれていきました．

## スピーカーはJBLと心に決める

　高校生当時，オーディオ・フェアは科学技術館で開催されていて，秋葉原から都電で九段下まで行った覚えがあり，サンスイが4chステレオを開発し，大々的にデモをやっていた記憶があります．当時は友人と新宿のサンスイショウルームに行ってJBLのスピーカーを聴き，サンスイの新しいアンプ

やトーレンスによく似た構造のプレーヤー，新開発のオープンデッキなどを興味深く見入って，一日入り浸っていました．そのため，音の出口のスピーカーはJBLが原点となり，ずっとそれを続けて今日まで来ています．

　当時パイオニアPW-A38用エンクロージャーを，箪笥屋の友人の父親の工房でサブロク4枚で作りあげ，そのシステムは徐々にミッドとハイをJBLにグレードアップしていきました．浪人時代は図書館のレコードライブラリーで手伝いをしたり，大学に入ってからは，アルバイト先の近くの四谷の「いーぐる」にジャズを聴きに行ったりして，オーディオに浸っていました．

　やがて社会人になって，およそ10年はオーディ

膨大な量のカートリッジコレクション．内外各社のMMとMCがあり，名品，珍品入り交じっている．右端はシュアV15シリーズで，針先も各種揃えている

オから離れていました．ちょうどその時期に，サエクやオーディオクラフトなどが次々と新型アームを出し，マイクロやケンウッドが超ド級のターンテーブルを出していたようでした．CD時代の到来をきっかけに，秋葉原の老舗有名店で装置を揃え直してみたものの，回転する円盤やその上を滑る機能的なアームの姿を見ることができないことや，どこにも手を入れられないことに我慢できず，結局ディスコンになったアームなどを集め始めてしまいました．

## インターネット時代の到来でコレクションが増大

急速に発展したネット社会に乗り遅れることなく，国内や海外のオークションに参加して，徐々にアナログ関係を集めていきました．欲しかったテクニクスSP-10やSL-1100，初代SL-1200も複数入手し，お決まりの金田式ターンテーブル制御やFETプリにも頑張って挑戦していました．ターンテーブル制御は一度SP-10 MKⅡで挑戦しましたが，当初は動いたものの，どこかが発振したのか不動となり，その後はオリジナルの素子の交換などで過ごしていました．

集まったカートリッジにも不具合の生じることが多々ありましたが，目がよかったのでシュアV15ⅢのゴムダンパーをタイプⅣの硬化したダンパーと交換したり，折れたカンチレバーにエナメル線を入れて接ぎ木したり，アームのガタをなくすためにベアリングを交換したり，ルーペを片目にダイヤモンドチップに付いた黒いカスをカッターの刃で落とすなど，細かい作業を楽しんでいました．高校のときにはできなかった，アームの内部配線の交換などは簡単にこなせるようになっていました．

不動で手に入れたスタックスCPXとPOD-XEは，発達したネットのおかげと，秋葉原で互換品を教えてくれるガード下の店主たちのおかげで無事再生でき，開発者のホームページを見つけたりと，充実した日々を過ごしていました．

## 友人の父の遺品を引き継ぎ人とのつながりも増えた

ある日，友人の亡くなった父上の装置の大半を

上段がテクニクス SL-110 ウッドアームベース仕様＋サエク WE-308new で，MM カートリッジ 専用機．右にラックスマンの E-03 フォノ EQ．下段がガラード 401 にアピトン材ベースで鉄製枠仕様＋ダイナベクター DV-505 に同 KARAT 17D2 カートリッジ．右にフィリップスの LHH-P700 プリアンプ

引き継ぐことになり，発売当時では手に入らなかった貴重な品々がわが家にやって来ました．嬉しい半面，数年間庭の物置に置かれていた装置はいろいろと手がかかり，スピーカーエッジの貼り替えなど，ずいぶん新しいことにも挑戦せざるを得ない状況になりました．

　また，わが家の装置は一応完成形になっており，どこに装置を組み込むのかも大きな課題になりました．そこで屋根裏を整備して，一部はそこに保管してリペアできるようにしたりしました．いろいろ大変な時期でしたが，おかげでその父上が所属したメーカーのアンプ設計者にもたどり着いたり，思わぬ人とのつながりができました．

　またちょうどその当時，ドラムスの八城邦義氏のジャズライブを地元の足立区のレストランで開催するイベントをやっていたので，友人になったレストランのマスターに大物スピーカーなどをしばらく預かってもらいました．さらに，このライブのおかげで，スリーブラインドマイスにおられた小林貢氏とも知り合うことができました．八城氏の CD のプロデューサーは小林氏だったのです．

　ひたすら好きなジャズを聴きオーディオを続けて

上から，パイオニア MU-41 に SME 3012＋古い白腹の SPU．その下がテクニクス SL-1100 に SME 3009．さらに下がサンスイ SR-929 で，アームをオーディオクラフトの AC-300 に交換しようか考慮中．最下段がケンウッド KP-9010．上段にはソニーとデンオンの CD プレーヤーがある．アキュフェーズのプリアンプは整備中

いたら，思わぬ友人や知己ができたり，こうやって MJ 誌の取材までしていただけることになり，今さらながら，好きなことにこだわって続けることの楽しさを知った次第です．

　なお，わが家では妻もジャズファンで，一緒にオスカー・ピーターソンのライブに行き，帰宅してから自宅の装置でレコードを再生し，その音とライブの音の近さを聴かせることで，装置全体への理解を得たことを申し添えておきます．

# 麹室に隣接する和室12畳のリスニングルームでジャズを楽しむ

1994年，福島県喜多方市でオーディオイベントがあり，その参加者の中に，今回訪問した石橋氏がおられた．石橋氏は熱烈なジャズオーディオファンで，以前から大型スピーカーで聴くジャズに魅了され，より感動的なジャズ再生を目指して，ついに理想のオーディオシステムを揃えた．地元のオーディオファンとの交流を深める一方，コンサート運営にも関わっている．今回はそのリスニングルームを訪問した． （MJ編集部）

RM-6Vを理想のパワーアンプで鳴らすことになり，満面の笑みを浮かべる石橋氏

**福島県会津若松市**
**石橋恒男氏 ISHIBASHI Tsuneo**

## ジャズ再生を追求して機器を揃える

　今回訪問した石橋氏とは，編集子は1994年に一度お会いしている．それは，福島の喜多方で開催された「モニターSPの試聴とオーディオ談義の夕べ」の会場で，もう25年も前のことだ．当時会場には多くのオーディオファンが集まって楽しい時間を過ごしたことは覚えているが，今となっては，どなたとお話をしたかは記憶がおぼろげである．

　そこではレイオーディオの木下正三氏がRM-6VとKM1Vスピーカーシステム，JDFのパワーアンプとコンソール，楠本恒隆氏が砲金ターンテーブルのアナログプレーヤーを持ち込み，山口孝氏，寺島靖国氏，当時の中澤弘光MJ編集長らがソフト再生や諸々お話をしたのだが，その参加者のなかに石橋氏がおられた．石橋氏はそこで聴いたRM-6Vの音に再び衝撃を受けたという．

　石橋氏はジャズオーディオファンで，初めて買ったLPはクリス・コナー『A Weekend In Paris』であった．当初はアキュフェーズのMOS-FETプリメインアンプE-303，JBL4331などで楽しんでおられたが，次第にエスカレートし，JBLやガウスの38cmウーファーに2インチスロートドライバーを組み合わせた2ウエイシステムを組むまでになった．

　実は石橋氏は，RM-6Vとは2年遡る1992年，レイオーディオ2を始めた亀山信夫氏宅で運命的な出会いを果たしている．石橋氏は「亀山さんのお宅で初めてRM-6Vを聴いた感動は今でもはっきりと覚えています．サックスに息を吹き込んだときのリードの震えや，トランペットのマウスピースに当たる唇の動きが，まるで3次元の立体映像を見るようにスピーカーの中心に現れました．このときの体験が，現在RM-6Vをチューニングする原点になっています」と語る．

　当時はTADのユニットでその音を再現できると考え，自宅システムのユニットをガウスからTADに交換した．しかしネットワークやエンクロージャーの限界を知ることとなり，いつかはレイオーディオを手にしたいという欲求が高まっていった．

堂々たるサイズのレイオーディオ RM-6V は，TAD の 40cm ウーファー 2 本の間にウッドホーン＋2 インチスロートドライバーを配したバーチカルツイン方式の元祖．嵩上げ用のアピトン合板ブロックと敷板はレイオーディオ特注品

RM-6V を鳴らすパワーアンプは，永年かけて探し求めた JDF の HQS3200UPM．25 年ほど使用された中古品だが，今でも現役で通用する実力を持っている．やはりレイオーディオ特注のアピトン合板敷板に載せられている

手前はパワーアンプ配電用の延長タップ，奥はRM-6Vのクロスオーバーネットワーク．いずれも床の振動対策として，イルンゴオーディオのベースを使用

前室の壁に取り付けたブレーカーボード．ここから4系統の電源を5.5スケアのコードで配線している

ブレーカーはアピトン合板ボードに取り付け，機器ごとに独立させている

## レイオーディオの機器を手に入れた

　あるとき，スタジオ放出のRM-6Vがあり，かなり心が傾いたが，仕上げなどの点で二の足を踏み，手に入れることはなかったそうだ．やがて楠本氏の紹介で寺島靖国氏がRM-6Vを手放すことを知り，充分検討のうえ譲り受けることを決心した．17年ほど前のことである．

　当時パワーアンプは，亀山氏の紹介でJDFのHQS2400UPMを手に入れ，RM-6Vのクロスオーバーネットワークは木下氏のメンテナンスを受け，会津若松の石橋氏の部屋に持ち込まれることとなった．

　憧れの機器を手に入れたものの，石橋氏の心はまだその先を見据えていた．部屋の手入れとパワーアンプである．

　実際にこれらを自室で鳴らすと，床の強度不足や電源の弱さが露呈し，地元の前川電機商会に電気工事を依頼，オーディオに適した配線，音のよいブレーカーの選択，設置方法の吟味などを実行した．和室の床は補修して板張りとし，さらにパワー

CDプレーヤーとアナログプレーヤーはスピーカーシステム前側の床に並べられ，中央のパッシブフェーダーで信号切り換えと音量調整を行い，後のパワーアンプに信号を送り，スピーカーシステムを鳴らすシンプルな構成．CDプレーヤーとフェーダーは，イルンゴオーディオのアピトン合板ベースに載せられている

アンプとスピーカーシステムの下にアピトン合板のボードを敷いて，音響的に改善した．

　パワーアンプは，亀山氏宅で聴いたJDFのHQS3200UPMで鳴らしたRM-6Vの音が忘れられず，中古を探していたが，国内に30セットほどしかないのでなかなか見つからず，昨年になってようやくHQS3200UPMを手に入れたそうだ．

　長らく使ってきたHQS2400UPMはステレオパワーアンプ，HQS3200UPMはモノーラルパワーアンプで，しかもそのシャシー高さはHQS2400UPMの1.5倍はある大型ゆえに電源部も大規模で，音の底力がさらに深くなり，ようやく満足のいく音楽再生が得られたという．周囲のオーディオ仲間からも，前よりも余裕のある鳴り方で，スピーカーの制動力に驚きの声が上がるという．石橋氏自身も，今まで聴いていたソフトが別物のように聴こえるそうだ．

## 古い和室を改修したリスニングルーム

　石橋氏の生業は米麹の製造販売で，リスニングルームはその仕事場の奥にあり，道路からは離れているので騒音の侵入は少ないが，古い和室で遮音性能が低いので，音漏れを気にしている．いずれは遮音の効いた本格的なリスニングルームを持ちたいとお考えだが，RM-6Vは超低域までしっかり再生できるスピーカーシステムなので，小さな音でも基音を再生でき，充分に楽しめているとのことである．

　リスニングルームは6畳和室を二間つなげて使用しており，オーディオ機器を置いた側は板張りに改修しているが，リスニングポイント側は畳にカーペットを敷いた状態．二間の間の天井近くには欄間が入っていて音響的な障害になっていたが，強度的に問題ないため，現在は取り払われている．

ジャズ再生を楽しむ石橋氏．聴取ポイントの後ろは広く，音響的に好ましい環境．床の間には以前使用していたオーディオ機器が置かれている

## ジャズを楽しむための機器ラインアップ

　石橋氏の音源機器は，アナログプレーヤーがEMTの930st，CDプレーヤーがスチューダーA730．フォノイコライザーは930stに内蔵されているのでプリアンプは使用せず，音量調節は，かつて亀山氏が作ったプライベートブランド「インサイト」のパッシブフェーダーを使用している．最近はジャズのモノーラルLP再生に傾注しているとのことで，カートリッジはEMTのOFD 25を好んで使用している．

　CDプレーヤー，フェーダー，パワーアンプの下にはアピトン合板を敷き，床との間でガタが生じないよう工夫している．

　AC電源は前川電機商会がアピトン合板で作成したブレーカーボードが前室の壁に取り付けられ，そこから5.5スケアの2芯コードで引き回し，個別ブレーカーを介して各機器に配電している．

　パワーアンプはモノーラルなので，延長タップを2口分作成してもらい，フルテックの1口コンセントを介して配電している．これらの徹底した対策の効果もあって，両スピーカーの間に立ち現れる音楽は，聴く者を感動に導く．石橋氏は「まだ途中」とおっしゃり，この先にある音楽再生の理想を見据えているようでもある．

　取材翌日には，石橋氏が運営に深く関わっているフルートとピアノのコンサートに招待され，素晴らしい生演奏を堪能した．

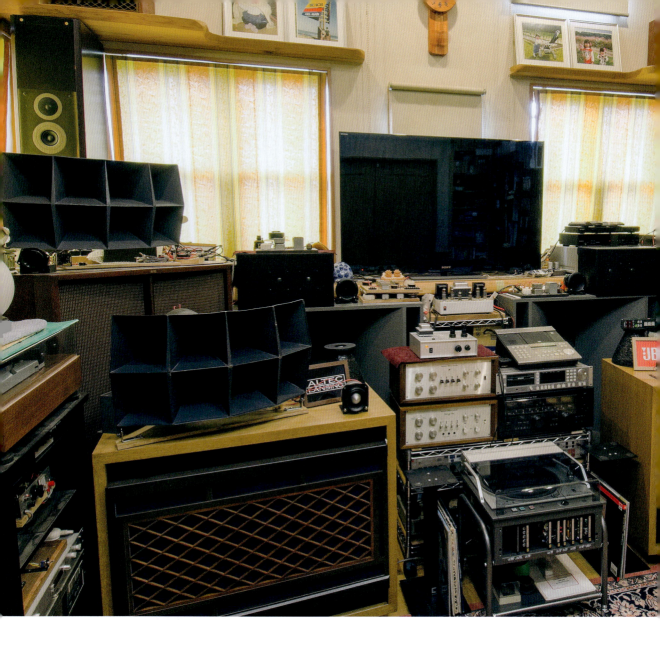

# アルテックとJBLのシステムで ポピュラー音楽を楽しむ

「会津にはすごいオーディオマニアがたくさんいます」と石橋恒男氏に言われ，早朝よりお邪魔したのが横山氏宅．広い玄関からリスニングルームまでの階段は開放的な吹き抜けとなっている．敷地内に倉庫や資材置き場があり，リスニングルームに収まりきらない大型ホーンもお持ちとのことだ．オーディオシステムは発展途上と謙遜なさるが，落ち着いて音楽を聴ける完成度の高さを実感できた．　　　　　　　　　　（MJ編集部）

ヴィンテージオーディオショップのようにスピーカーシステムなどの機材が並ぶリスニングルーム。窓のある正面壁から手前の機材までは，1.5mほどもある

アナログプレーヤーはトーレンスやガラードも所有するが，現在のお気に入りはEMTの948

| 福島県 会津美里町 |
| 横山 仁氏 YOKOYAMA Hitoshi |

## 多数のオーディオ機器を所有

　会津美里町にお住まいの横山氏は，ヴィンテージ機器でポピュラー音楽やジャズを楽しむオーディオファンで，スピーカーシステムは，JBLのユニットを使用した自作や，アルテックのほか，メーカー完成品などを多数お持ちだ。

　リスニングルームは12畳程度の正方形に近い形状で，天井の高い専用室。正面には大型のスピーカーシステムが3組あり，それ以外にも大小さまざまなスピーカーシステムが置かれている。建物自体が表通りから少し奥にあるため，騒音の侵入が少ない。中央にはレコードプレーヤーとプリアンプ，FMチューナー，CDプレーヤー，小型の真空管パワーアンプなどが立体的に並べられている。

　正面に向かって左側は機材ラックが並び，ガラード301とトーレンスTD124，自作真空管プリアンプ，マランツとサンスイのFMチューナー，スチューダーとルボックスのCDプレーヤー，アルテックの真空管パワーアンプ，USBオーディオインターフェースなどが収納されている。上段にはオーディオケーブルやカメラ機材が押し込められている。

　正面に向かって右側にはソフトの棚があり，上側にCD，下側にLPが並んでいる。ポップスとジャズが多いなか，映像ソフトと並んで，スピーカー自作の書籍が多数あり，エンクロージャーやクロスオーバーネットワークの設計を相当研究していることがうかがえる。また，棚の上と床には現在使用していないホーンとドライバーがストックされている。

　また，会津若松市内在住の渡部睦氏と出会ってからは，真空管アンプの製作，システムの修理・調整などを依頼しているとのことだ。

## JBLの大型システムを自作

　多数お持ちのスピーカーシステムにあって，正面の一番前側にあるJBL自作システムがメインシステムとのことだ。

　低域は38cmウーファー130Aを2本，後面開放型エンクロージャーに入れ，中域は10cm振動板ドライバー375を，アダプターを介してアルテックの

手前両側にあるJBLのユニットを使用した3ウエイシステムがメインシステムで，自作エンクロージャーとJBL製クロスオーバーネットワークを使用．その奥はアルテック820A．820Aの内側には817エンクロージャーがあり，ジェンセンのF15LLを収めている．中高域は励磁型に改造した288ドライバー＋8セルの805Aで，820Aの上に置いている

8セルホーン805Bに取り付けている．高域はプロ用リング振動板トゥイーター2402で，それぞれLCネットワークで帯域分割して使用している．

これらの奥に，ジェンセンやアルテックのユニットを使用した大型システムが2組もあり，ソースや気分で使い分けている．短い取材時間の合間に聴かせてくださったサウンドは明るく晴れわたり，音楽の楽しさを存分に伝えるものであった．また，ア

ルテックの10cmフルレンジユニット405AをA7のようなフロントロードホーン型エンクロージャーの1/4ミニチュアに入れ、高域にエレクトロボイスT35トゥイーターを追加したシステムもあり、ぜひにとのことで聴かせていただいたが、大型システムのなかにあって、勝るとも劣らない堂々としたアルテックサウンドを披露してくれた．

## プロ用機材を使いこなす

アナログプレーヤーはEMTのDDシステム948が正面に置かれ、これがメインのプレーヤーであることがわかる．948は放送局などのプロ向けに開発されたプレーヤーで、ライン出力が出せるようにフ

2台のアナログプレーヤーは，左にガラード301，右にトーレンスTD124と定番を揃えている．中央にスチューダーのCDプレーヤーA730，下段にはアルテックの業務用パワーアンプが見える

常用のアナログプレーヤーはEMTの948．クオーツ制御のDDプレーヤーで，フォノイコライザーを内蔵している

プリアンプはマランツの真空管式7と半導体式7Tをお持ちだが，コントロールアンプは上段の自作真空管アンプ．CDプレーヤーはEMTの982（左）と981（右）を揃えている．下段の真空管アンプは映画用機器メーカーIPCのAM1001で，6L6のプッシュプル

ォノイコライザー基板を内蔵している．

　CDプレーヤーはアナログ以上に多数台を所有し，フィリップスのスイングアームメカを使用したプロ機が多い．室内を見る限りスチューダーが4台，EMTが2台あり，これらのコレクションを見ても，横山氏がプロ機器志向であることがうかがえる．オーディオファンはウエスタンエレクトリックを頂点とする映画用機材を目指すグループがある一方，スタジオ機器を至高とするグループもある．横山氏はその両方に属する機材を所有し，音源装置は放送や録音系，パワーアンプとスピーカーは映画用機材系をうまく組み合わせている．

正面に向かって右壁の側にある棚には，さまざまなジャンルの新旧ソフトが並べられている．右にある書籍はスピーカー関連とヴィンテージ真空管アンプ関連が多い．床に置かれているマルチセルラーホーンには，アダプターを介して音研の中域ドライバーが取り付けられている

アルテックの10cmフルレンジ405Aを使用したミニチュアシステムは，堂々たるサウンドを聴かせる

膨大な数量のオーディオ機材をお持ちの横山氏．CDプレーヤーとハイレゾ機器も揃えているが，よく聴くのはアナログレコードが多い

　横山氏の機材で特徴的なのはFMチューナーで，マランツとサンスイの高級機をお持ちだ．特にサンスイは最高峰モデルで，これで聴くFM放送では，スタジオの空気感やブースの狭いようすがリアルに伝わることを，編集子は経験したことがある．

　このほかUSBインターフェースやマスタークロック機材もお持ちで，決してアナログしか認めないような頭の固いマニアではないことが理解できる．

　お仕事が多忙で，ゆっくり音楽を聴く時間が取りにくいとのことで，また，倉庫などにしまってある機材も多数あり，まだ発展途上のオーディオシステムなのだが，目指す「よい音，よい音楽」が明確なことが，2時間ほどの短い取材滞在ながら理解できた．

# アルテック4ウエイマルチアンプシステムをデジタルで構築

夏の避暑地,冬のスキーやスノーボードと山遊びの拠点として知られる猪苗代湖からほど近い別荘地に建つ鈴木氏の自宅は,元々別荘だった物件.明るく広々とした室内には目を見張るような大型のオーディオシステムがそびえている.しかしご本人はオーディオにあまり傾倒していないと謙遜する.オーディオと同等以上に力を注ぐ自然の風景写真に囲まれて,周囲に気兼ねなく聴くことのできる音楽は格別に思えた. (MJ編集部)

20畳ほどの広さを持つリスニングルームは，広い窓から自然光がたっぷり入り，晴天では眩しいほどの明るさ．スピーカーシステムにグリルネットを着けた状態では，巨大ながらおとなしい印象

**福島県 猪苗代町**
**鈴木正孝氏** SUZUKI Masataka

## 元はペンションのリスニングルーム

猪苗代湖近くの別荘地にお住まいの鈴木正孝氏は，お仕事の都合で全国に転勤があり，退職後に住むところを先々で探してもいた．自然の風景写真を撮影することが趣味で，オーディオと写真の両方を満足する地として，たまたま訪れたこの猪苗代町が気に入り，かつて別荘であった土地と建物を手に入れたとのことだ．

取材にお邪魔した6月初旬は，東京では半袖でちょうどよい気候であったが，猪苗代ではたまたま肌寒い日に当たってしまった．玄関ホールや廊下の床には発泡のクッションフロアが敷かれていて，思わぬ寒さにも足の裏が温かく，ありがたい思いであった．

部屋のなかに案内されると，広々としたリビングにオーディオ機器が並べられているのが目に飛び込んできた．

リビングルームは20畳ほどの洋間で，天井が片流れになっていて，3～4mほどの高さがある．入口側に大きな薪ストーブがあり，その反対側は大きな掃き出し窓で，広いベランダがある．ここからは雑木林や隣接の公共施設も一望でき，別荘地とあって隣家とは200m以上離れており，騒音問題もないという，大変羨ましい環境にお住まいだ．取材後にお茶をいただいていると，奥様が近くで採れたワラビのおひたしを出してくださり，本当に豊かな暮らしぶりであることを実感した．

## アルテックの大型システムを設置

リビングの幅いっぱいに置かれた大型のシステムは，アルテックのウーファーとホーンドライバー，パイオニアのリボントゥイーターを加えた5ウエイの大がかりなものである．

中央に515を2本，マルチダクト型エンクロージャーに入れて最低域を再生し，その上がアルテックH110によく似た自作のフロントロード＋バスレフ型エンクロージャーに515を入れて低域を再生している．中域は288ドライバー＋1005ホーン，高域は802ドライバーに木製円形ホーンを組み合わせている．ここまでが4ウエイマルチアンプシステムで，この上にリボントゥイーターをLCネットワークでローカットして付加している．

チャンネルデバイダーはアキュフェーズのデジタル式DF-45を使用し，スーパーウーファーは50Hz以下を再生，LPFは－96dB，ウーファーのHPFは50Hz／－6dB，LPFは355Hz／－6dB，中域ドライバーのHPFは315Hz／－96dB，LPFは3550Hz／－

横幅5mはあろうかという大型のシステムがリスニングルームに並ぶ．普段はグリルネットを着けているが，撮影用に取り外していただくと迫力満点．グリルネットを外して聴くと，いっそう音のヌケがよいという．1005ホーンは横幅約80cmと巨大で，急峻なデジタルフィルターを使用することで，300Hz近くと低いクロスオーバー周波数で使用している

6dB，高域ドライバーはHPFが3550Hz/−24dBに設定されている．各ユニットの振動板位置補正もここで行い，確かな音像定位に寄与している．

リボントゥイーターは前述のようにマルチアンプではなく，16kHz/−12dBのLCネットワークでローカットしてつないでいる．能率がほかのユニットに比べて低く，また振動板面積も小さいためにエネルギーバランスが取りにくいので，2本並列にして使用しているのだ．

ソースはアナログレコードとCDがメインで，最近はSDメモリーカードプレーヤーでハイレゾ音源を楽しんでもいるそうだ．

## デジタル処理がメインのシステム

アナログプレーヤーはマイクロのDDターンテー

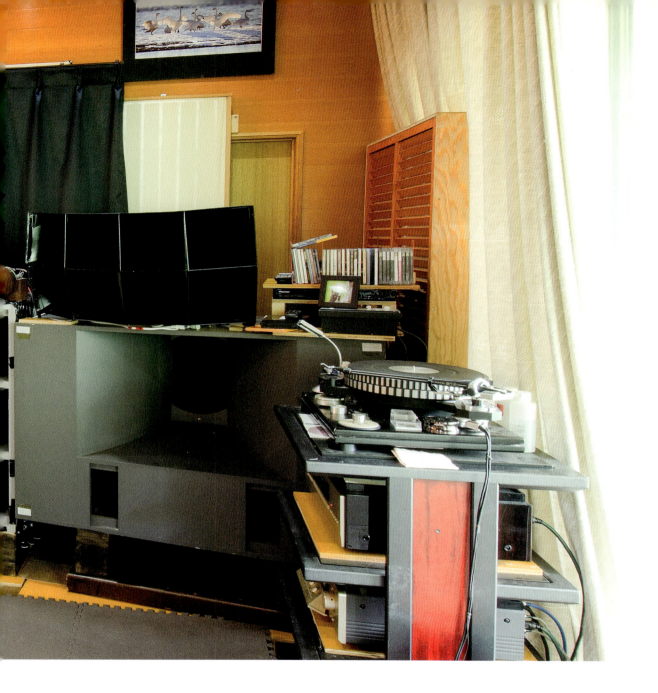

ブルDDX-1000にSMEのロングアームV-12を取り付けている．カートリッジはシュアV15とトラディショナルだ．リスニングルーム内にはアナログレコードがあまり多くは置かれていないが，熱心なアナログオーディオファンであることがうかがえる．

フォノEQはクリスキットのプリアンプを使用し，その出力をアキュフェーズのデジタルコントロールアンプDC-330のアナログ入力に接続している．

DC-330はデジタル処理の機器なので，同社のSACDプレーヤーDP-800のデジタル出力も受けることができ，またデジタル出力のままルームイコライザーDG-38で伝送特性を整えることができる．マイクで測定したデータをもとに，聴感も加味して仕上げているそうだ．

DG-38もデジタル処理の機器なので，デジタル信号のままチャンネルデバイダーDF-45に伝送し，帯域分割と振動板位置補正を行い，ここでようやくD/A変換され，アナログのパワーアンプに信号を渡す．

中域と高域のユニットは同じアルテックのホーンドライバーだが，振動板位置が異なるので，デジタルチャンネルデバイダーで補正している

SACDプレーヤー，コントロールアンプ，ルームイコライザーはアキュフェーズのデジタル機器で統一．トーンアームは，珍しいSMEの12インチストレート型

上はQLSのSDメモリーカードプレーヤーで，デジタル出力をDC-330に入力している．下はクリスキットのプリアンプMARK-8で，フォノEQとして使用している

　アキュフェーズのデジタル機器をここまで活用しているオーディオファンは，あまりお目にかかったことがないが，デジタルコントロールアンプの便利さと音のよさは，もっと見直されてしかるべきと編集子は思う．
　4ウエイマルチのパワーアンプ群は，チャンネルデバイダーとともに右側スピーカーシステムの裏側の小部屋に置かれているが，スピーカーが大規模で置く場所が確保できないためと，真空管アンプが多いために，リスニングルームに熱がこもることを避けたのであろう．
　パワーアンプ群は，超低域にニッコーの純A級DCパワーアンプM-204，低域にヒースキットのKT66プッシュプルモノーラルパワーアンプW5-M，中域にパイロットラジオの6BQ5プッシュプルパワーアンプSA-232，高域は自作真空管アンプである．

スピーカーシステム裏側にあるパワーアンプ室．デジタルチャンネルデバイダー後段のパワーアンプは半導体と真空管の混成で，メーカーもバラバラ．しかし音は見事にまとまっている

奥様とご一緒に音楽を楽しむ鈴木氏．自然や野生動物の写真も共通の趣味

高度なシステムを苦もなくまとめたという表情の鈴木氏．実際は大変なご苦労をなさっていると察する

## オーディオを奥様とご一緒に楽しむ

　広いリスニングルームで聴かせていただいた音楽は，キャリアの長いオーディオファンであることを実感する，練り上げられた完成度の高いものであった．大型で，なおかつ多様なスピーカーユニット構成，バラエティに富んだパワーアンプ群のシステムにもかかわらず，見事な音場感と臨場感にあふれていた．これは，デジタル機器ならではの精密な調整を追い込んだ結果のものだろう．

　音楽を聴く際，独りではなく奥様とご一緒に楽しまれることも多いという鈴木氏は，オーディオにすべてを捧げているという姿勢を微塵も見せないのもスマートだ．世のオーディオファンの目指すべき姿であろう．

# ローディー HS-400を徹底的に使いこなす

壁一面がスピーカーで埋め尽くされているこの部屋は，一組のスピーカーシステムを無限大バッフルに埋め込むことを目指したものだ．日立製作所のオーディオブランド「ローディー」が，その技術を総動員して家庭用スピーカーの理想を追求したHS-400に惚れ込んだ栗山氏は，クロスオーバーネットワークの改造，ソース機器とアンプの工夫，生録の実践とあいまって，驚くほど自然な音場再生を実現している．（MJ編集部）

| 東京都日野市 |
| 栗山公志氏 KURIYAMA Koji |

## 私にとってのオーディオとは

　私は音響メーカー勤務なので，仕事と趣味を混同しているとよく誤解される．元々，オーディオは子供のころからの趣味であるが，あくまで仕事は仕事であり，趣味とはまったく別のものである．私の中では1つの誓いがあり，趣味のオーディオは仕事に持ち込まない，仕事の音響は趣味のオーディオに持ち込まない，これは入社以来，徹底しているつもりである．

　私の中で趣味のオーディオとは音質の徹底追及であり，それは際限のない世界であり，それを仕事に持ち込むのは独り善がりに過ぎない．逆に仕事の音響は厳密なプロの世界であり，家庭内でそれを実現しても趣味とはなり得ない．しかし両者の知識は共有できる．簡単に言えば，この両者の知識の共有こそが，私のオーディオの根底だと言えるだろう．だから，矛盾するようだが仕事もプライベートも実は関係ない．24時間，それこそ夢の中でも私は音のことを考えスピーカーと格闘している．基本は原理原則に忠実であり，電気音響変換の純粋なる技術がオーディオの本質だと捉えている．そんな人間が限られた予算の中で選択し構築したオーディオが

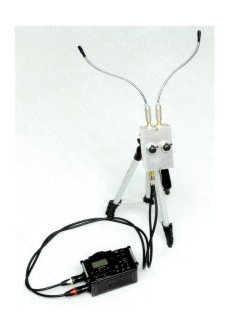

栗山氏は，エレクトレットコンデンサーマイクと金田式DCマイクアンプを組み合わせ，PCMフィールドレコーダーで生録を行う

ソースは主にCDで，市販ソフトのほか，生録してCD-R化したものも多数ある．CDプレーヤーはソニー CDP-502ES の改造品．電源トランスを筐体外に出して遠くに配置し，表示器の電源はカットして，ノイズを排除している

スピーカーシステムのクロスオーバーネットワークは，エンクロージャーから取り出して改造．コンデンサーは純正のバイポーラーからフィルム型に交換している．大きな円筒はフィルムコンデンサーで，コア入りコイルとともに，ユニットのインピーダンス補正回路を形成

どんなものであるか，その一端をここにご紹介したいと思う．

## メインシステムについて

私のオーディオシステムの一番の特徴は何と言っても無限大バッフル（実際は有限だが）に設置されたローディー HS-400 であると思う．HS-400 は1975年の発売なので，すでに44年が経過しているが，剛ピストンモーションを基本とするフラットな周波数特性と，ユニットの口径の適正な選択により広い指向性を確保し，密閉式の臨界制動による正確な低域など，いまだに第一級の性能と音質を備える．一見地味で，何の変哲もない中型2ウエイスピーカーだが，本物だけが持つ迫力のようなモノが，このスピーカーにはある．実際にユニットを見ても一切の手抜きがない．合理性と必然性の見事な調和がそこにはある．剛ピストンモーションによる色付けのないその音は，私にとっての音の判断の基準（モノサシ）でもある．

写真ではローディー HS-400 を6本，同じく HS-90F を4本，壁のように積み上げているが，このうち実際に鳴らしているのは筐筒脇の2本の HS-400 だけで，それ以外は端子間にジャンパー線を入れてあるので，いわば飾りである．もったいないように見えるかもしれないが，2本の HS-400 だけで，今の環境では必要充分な音が出せるので，ほかのスピーカーを鳴らす必然性がないのである．鳴らしていないスピーカーは名目としては予備機で，将来計画用の保管をしているわけだが，せっかくなので置き場を兼ねてバッフル面としての壁を形成させている．

無限大バッフルに設置した HS-400 の音はよいか

ラインコントロールアンプとパワーアンプは金田式で，回路は1980年代のGOA．無信号時の消費電力が小さいため，電源は入れっ放し．緑色の配線はアースで，1箇所にまとめてからエアコンの電源コンセントにある接地端子に接続している

悪いかは別にして，今まで何人もの人が聴いて「スピーカーらしくない音がする」と異口同音に感想を述べる．それこそが，私にとってのスピーカーに求める音の真髄だとも言える．私のHS-400は性能のさらなる向上を目指し，インピーダンス補正，部品の交換などいろいろ手を加えてある．当然であるが，それらもすべて音に反映されての結果である．詳細は割愛するが，掲載された写真からは，その秘密の一端がうかがい知れると思う．

アンプはプリ・パワーともに金田式DCアンプ，GOAの最後のころの仕様である．高校生のころにバラックで作って，音がよければキチンとケースに入れて作り直すつもりが，金田式の回路の進化への対応や実験を繰り返しているうちに，そのまま30年近く使い続けることになってしまった．金田式DCアンプが原音再生を目指したものである以上，私の目指す方向とも一致しているので，相性はよいと感じている．元々は電池式だったが，今は商用電源を使い，裸電源でコンデンサーの容量は40万$\mu F$，$200\mu F$のフィルムコンをパスコンで接続し，正負別トランスの仕様になっている．

CDプレーヤーはソニーCDP-502ESで，初期の積分型DACの機種である．これはオークションで不動品を500円で手に入れ，修理改造を重ねて現在に至っている．改造内容はフィルムコン，スチコンによるパスコンの追加と電解コンデンサーのブラックゲート化，低域カットオフをより低く改造して，基本動作に関係ないヘッドフォン回路やレベルコントロールをパスし，蛍光表示管を消した上で，さらにノイズと振動源でもあるトランスを本体から取り出し，1mくらい離れたところに置いている．

普段，音源の中で最も稼働率が高いのがFMチューナーのローディーFT-8000だが，バイポーラーのカップリングコンデンサーをフィルムコンに替えているのと蛍光表示管を消してはいるが，基本的にはあまり手を加えてはいない．

このほか，AC電源はCSEの400Wと100Wのアイソレーションレギュレーターと，自称「マイ・変電所」という単相3線200V→単相2線100VのDaitronの工業用ダウントランスのいずれかを適宜切り替えて使っている．

システム全体が，ご覧のようにむき出しの現在進

測定器は廃棄処分のものを手に入れ，メンテナンスして使用している．電動ハンダ吸引器も必需品

ローディーが1975年に発売したHS-400は，アルミ振動板20cmウーファーとチタン振動板3.5cmトゥイーターによる密閉型2ウエイシステムで，クロスオーバー周波数は1.1kHzと低い．無限大バッフルに取り付けることで，設計意図通りの性能が発揮されるシステム

別室に組んだサブシステムは、かつてベストセラーとなったソニー SS-G7 スピーカーシステムを中心としたもの。アナログレコードと FM 放送を楽しめる。SS-G7 の上はリストの平面スピーカーシステム

行形なのは，このシステムが純粋に音楽を楽しむだけでなく，さまざまな検証目的で使われることによる．

## 生録のこと

元々，高城重躬氏や金田明彦氏の影響があり，私は原音再生派であって，昔からアカイのオープンリールに適当なコンデンサーマイクをつないで生録に挑戦してきた．現在は『電流伝送方式オーディオ DC アンプシステム パワーアンプ&DC 録音編』に掲載された WM-61A を使った金田式 DC マイクをアレンジし，タスカム DR-60D で生録を行っている．最終的に CD プレーヤーで再生するので，記録は 44.1kHz サンプリング 16bit のみで行っている．これはデジタル領域であっても極力加工をしないことを意識したもので，当然，そのほうが音質上優れるという判断に基づいている．

生録音源は，さまざまな音質チェックにも当然広く応用している．WM-61A は安価だが特性に優れ，同じく特性の優れる HS-400 での再生は，ときに現場の雰囲気までがリアルに蘇ってくる非常に生々しいものである．市販ソフトだけでは味わえない，別世界のオーディオの楽しみがある．

## おわりに

以上，駆け足での説明になってしまったが，私のシステムは恐らく一般のオーディオとはかなりかけ離れたものであると思う．誌面の都合で書きたいこともほとんど書けていない状況だが，賢明な MJ 読者の皆様であれば，写真からでも何かを感じ取ってもらえるのではないかと思う．

最後になるが，HS-400 という素晴らしいスピーカーを世に送り出してくださった開発者の K 先生をはじめ，私の勤め先の会社の皆様，会社の先輩で，スピーカーの話だけで一緒に酒が飲める音塾の M 塾長，SNS を通じて知り合った多くの同好の士，生録にご協力いただいた素敵なミュージシャンの方々に，誌面を通じてお礼を申し上げたい．

# 自作スピーカーとデジタル信号処理で波形再現を目指す

オーディオソースの信号と，スピーカーから出る音の波形が相似であれば，理想的なオーディオ再生が実現できるはずとの発想で，周波数特性と群遅延特性をデジタル信号処理で補正した．しかしかえって市販スピーカーの限界を感じることとなり，まったく新しい発想のスピーカーシステムを自作することとなった．これにより今までにない「生々しさ」を実現できた．　　　　　　　　　　　　　　　　（MJ 編集部）

埼玉県日高市
阿仁屋節雄氏 ANIYA Setsuo

## 波形再現性の追求

　専門家の方々にはしばし目をつむっていただくことにして，私が取りつかれた「波形再現スピーカー」の夢について，お話しさせていただきたいと思う．

　このスピーカーの製作は，「CDなどの普通のソースに刻まれた楽音の波形が，スピーカーで再現されているのか？」という，アマチュアならではの素朴な疑問から始まった．

　ただ，考えてみれば，「オーディオハイファイ装置」とは，結局のところ，「普通のソースに普通に刻まれている楽音などの波形をスピーカーで忠実に再現する装置」なのではないか？といわれたら，それはまさにその通りであるとしか言いようがないと思われた．

　で，どうなのだろうか？　ということになったのだが，アマチュアの調査ではあるが，いくら調べてもこのような素朴な疑問に対してまともに回答できるような情報は全く見当たらないという，ある意味，非常に意外な，ともいえる事態に直面した．

　巷には，周波数特性，ダンピング特性，歪特性，インパルス応答特性…などなどの情報は満ち溢れている．しかるに，そのような特性がそのようになることによって最終的に「波形再現性」はどうなったか？　という，最も肝心と思われる議論なりデータなりは皆目見当たらないのである．

　目にするのは，そのような特性をよくすることが大事である，という程度なのである．しかも，波形再現性に関係するかどうかはわからないが，巷の噂では，これらの特性がむしろ悪い真空管アンプのほうが，あらゆる特性が非常に優れている半導体アンプよりも音質評価が高い，などということもあるくらいなのである．

　であれば，これらの特性の善し悪しが「波形再現性」に与える影響はどのようなものなのだろうか？　これらの特性よりも「波形再現性」を大きく左右するほかの物理因子があるのだろうか？　との疑問が次に持ち上がった．

独特のスピーカーシステムは「オーディオ装置の評価方法及びその装置並びにオーディオ装置及びスピーカー装置」として国際特許出願中

自作実験機スピーカーは，多数の小口径ユニットを用い，振動板表面以外を全て吸音材で覆った，4チャンネルマルチアンプ方式．低音10cm×28個（東京コーン紙株式会社製），中低音フォステクスFE108EΣ×2個，中高音カロッツェリアTS-S1RS，高音スキャンスピークR2904/7000-00，中高音（2000~5000 Hz）；カロッツェリアTS-S1RS・高音（5000 Hz~）；スキャンスピーク Scan Speak Revelator R2904/7000-00

各ユニットは紙筒に取り付けてからフエルトで巻いている．これらは過去の実験に使用したもので，現在は休止中

## 周波数特性と群遅延特性をデジタル信号処理で補正する

悶々としている間，「ほかの物理因子」といえば，ホームシアター用に用いているAVアンプなどでは「周波数特性の補正」のほかに「群遅延特性の補正」という見慣れない因子の補正もなされていることに気が付いた．

「群遅延」てなんだろう？　という，これまた素朴な疑問である．しかし，これを調べていくうちに，素朴な疑問者にとっては驚くべきことが判明してきた．すなわち，この「群遅延特性」が「波形再現性」を決定的に左右している因子の一つなのかもしれない，ということである．

素朴な疑問者の素朴な理解によると，「群遅延」とは，たとえて言えば，スピーカーに100Hzの音信号と1000Hzの音信号とを「同時に」加えても，スピーカーから音が出るときには1000Hzの音が先に出た後，数ミリ秒程度遅れて100Hzの音が出てくるといった現象のようである．換言すると，伝送系を信号が通過するときの遅延時間に周波数依存性があるということである．数式では，入力波に対する出力波の位相変化を角周波数で微分したものだが，信号の遅延という側面で見ると結局そのようなのだ．この現象は，特に大口径のスピーカーの低周波領域で著しいことが知られているらしい．

この現象があると，バイオリンなどの倍音を含む複雑な波形の楽音，つまりは，異なる波長の複数の波が複雑に重量された波形において，各波長の波のピーク位置（時間軸）がずれてしまうことになって，それだけで波形は再現されないことになる．なお，これに対して，「周波数特性」は，各波のピークの高さを左右するものであるということができそうである．

そうとすると，「周波数特性」と「群遅延特性」とを理想的なものにできれば，「波形再現」が可能であるらしいことが判明してきた．逆に言えば，ダンピング特性，歪

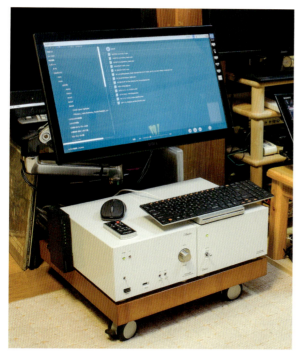

PC再生システムは，S&K Audioの専用電源付きPC（2TB SSD内蔵）に，同社専用ソフトウェアMPP.NET（音楽再生ドライバー，リッピングおよび外部入力の録音編集，音場補正，ステレオ4chデジタルチャンネルデバイダーほかの機能を装備）

Dante NetworkをホストI/FとするS&K Audioの4チャンネルデジタル入出力を備えたVT-EtDDC（上右）とデノンPMA50×4（下段）で4chマルチアンプを構築．中段のDEQXは休止中

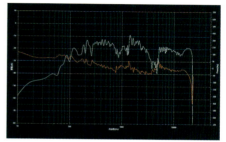

MPP.NETによる補正前の周波数特性（白）．赤は群遅延特性

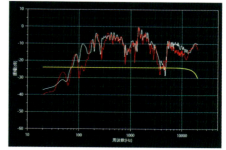

MPP.NETによる補正作業中の画面

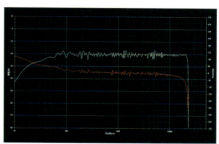

MPP.NETによる補正後の周波数特性（白）．赤は群遅延特性

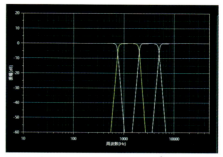

チャンネルフィルターのスロープは−120dB/octで，クロスオーバー周波数は750, 2k, 5kHz

み特性，インパルス応答特性などなどが仮にどうであれ，結果的に「周波数特性」と「群遅延特性」とが理想的なものでないと，「波形再現」はできないことになってしまうようだ．

ひるがえって，現状のスピーカーをみてみると，「周波数特性」はもちろんのこと，「群遅延特性」も理想からかなりかけ離れており，無視できるようなレベルではないようにみえる．そうとすると，「波形再現性も理想から相当かけ離れていることが，それらの特性の必然的結果として導かれることになる．しかも，これは現状のあらゆるスピーカーに当てはまりそうなのだ．

和洋折衷のリスニングルームの広さは約19畳，天井高は約2.3m．背面にはソニーのユニットを使用した大型システムを使用したAVシステムがそびえている．機器の操作はタッチパネルのPC画面およびワイヤレスマウスで行う

## 波形再現の困難さを自覚

　とすると，どうも，「現状のスピーカーで波形再現はできておらず，無視できるようなレベルでもなさそうだ」という，ある意味ショッキングなことが事実のようなのだ．今までも，波形再現性などを漫然と想像したことはあるが，オーディオの長い歴史と現代技術とを考えれば，アマチュアが気まぐれに思い付く程度のことなどは当然に考慮されているはずだし，波形再現という，ハイファイの定義そのものと思われるようなことなどは真っ先にクリアされているはず，と何となく思っていたのであるが，それが相当ぐらついてしまったのである．

　では，現状のスピーカーで「波形再現」は，実際のところ，どの程度できているのか？　また，その再現性がどの程度変化したら，聴感上でどの程度の変化に感ずるのだろうか？　などのことを何とかして自分のこの目や耳で確かめてみたいという強烈な願望が出てきてしまった．つまり，これまで目にしていたダンピング特性，歪特性，インパルス応答特性などをみてもロー（老）アマチュアには，それが音質と何の関係があるのか，ほとんどわからなかった．わかっても，その程度の変化なら箱の位置や置き方などをちょっと変えたのと五十歩百歩じゃないのかなあ，という程度であった．

　「音は波形」なのだから，波形がそこそこ変化すれば音もそこそこ変化し，ローアマチュアでもそれがはっきりわかるのではないか？　しかも波形の違いの有無をみながら音の違いの有無をみることができれば，無益な争い？　も少なくなるのでは？　などとも思い始めた．しかも，もし「周波数特性」と「群遅延特性」とを理想的なものにできて理想的な「波形再現」ができたらどんな音がするであろうか？　それってどこかで実現できているのだろうか？　と思ったら，デジタルフィルターを用いた最近の音場補正技術では，もうすでに，「群遅延補正」と「周波数補正」とを行う機能が備わっていることを思い出した．そうであるなら，これらの補正がきっちりなされてさえいれば，現状でも音場補正をかけたものは理想に近い「波形再現」が実現されているはずである．

　ところが，ローアマチュアの耳では，現状のAVアンプで補正をかけると確かに音はよくなるが，とても理想的な波形再現がなされた音には思えないものであった．

　とすると，現状のシステムは補正がきっちりかからないものではないのか？　となった．つまり，「補

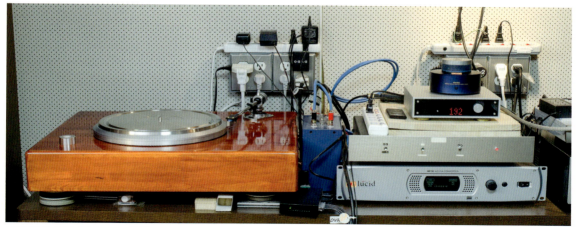

LP再生は金田式DCアンプ制御のテクニクスSP-10MKIIと，A/Dコンバーターを内蔵したM2TECHのJoplin MKIIフォノイコライザーを使用し，カートリッジの出力をPCM変換してからDSPでイコライジングする構成．そのデジタル出力をS&K AudioのPC再生システムに接続する

正は，あくまでもコーン紙の表の面から発せられる音信号に対してなされるが，その補正の基礎として用いる計測情報に，その補正対象たるコーン紙の表の面以外から発せられる雑音が含まれていても，補正はうまくかかるのか？」や，「補正量が大きくても大丈夫か？」などという，一般の制御技術などからみれば至極当然の疑問である．

## 独自のスピーカーシステムを作成

このようなことをごちゃごちゃ考えたり実験の真似事などをしてみた結果，結局，補正がきっちりかかるスピーカーは自分で製作するしかないのではないかと思い始めた．そして製作したのが今回の実験機である．まだわずかなデータしかないが，そのデータには我ながらかなりびっくりさせられた．もちろん主観ではあるが，聴感上も，これまでのスピーカーとは異質な生々しさをもったもので，かねてから目標にしていた「メッキを全部剥がした地金のような弦の音」も軽々と再生されるようになり，好きな音楽を聴きまくる日々を過ごさせてもらっている最中である．

このスピーカーがどの程度のものかはこれから検証していくつもりだが，ローアマチュアとしてはこれで一応，さまよえるオーディオ人は終わりにして，今後はこの波形再現スピーカーと補正とをより完全なものとすべく，ドン・キホーテのほうは最後まで続けてさせていただくつもりでいるのである．

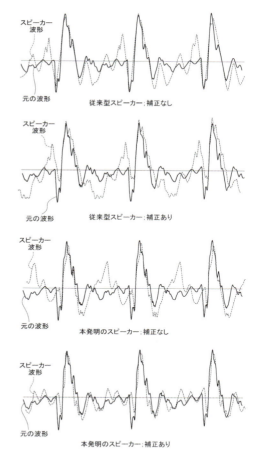

周波数特性と群遅延特性の補正の効果．上から，「従来型スピーカーの補正なし」，「従来型スピーカーの補正あり」，「阿仁屋氏スピーカーの補正なし」，「阿仁屋氏スピーカーの補正あり」．補正後の阿仁屋氏スピーカーでは，波形再現性の高さが確認できる

# 10Hzまで再生可能なスピーカーシステムでリアルな音楽再現

前号に引き続いて，希少なスピーカーシステムのオーナーを紹介しよう．主役のオンキヨー GS-1 は，1984年のデビュー当時から鳴らしにくいシステムとして知られているが，全帯域で制動の効いた特性ゆえにパワーアンプを選び，マニアが真剣に取り組む価値のあるシステムである．今や市場にはほとんど出てこない GS-1 だが，完璧に使いこなしてリアルな音楽再現を実現している田中氏のリスニングルームを訪問した．（MJ 編集部）

埼玉県熊谷市
**田中博久氏** TANAKA Hirohisa

## 引越前のシステムを記憶にとどめる

　埼玉県の熊谷といえば，編集子にとっては稲荷山古墳出土の鉄剣で著名な「埼玉古墳群」の隣町なのだが，そこに凄いオーディオマニアがおられる．それは『MJ無線と実験』2018年4月号で既報の「ラストFUJIYAMAの会」で同席した田中博久氏だ．そのときはあまり会話もできず，物静かで周囲に気を配るかたという印象しかなかったが，山崎剛志氏のFUJIYAMA再構築にあたっていろいろとアイデアを出しているのが田中氏とわかり，Facebookでも情報交換する関係を築くことができた．また「音吉! MEG」オープンにあたってもシステム構築時に協力しているそうだ．

　ある日，山崎氏が導入する予定のオーディオ機器の下見に同行し，その帰りに田中氏のリスニングルームにも案内されたのが，今回の取材の決め手となっている．仕事のために居住していたマンションのリビングが，オーディオのためだけの部屋になっているのだ．近い将来，もっと広い部屋に引越する計画があり，その前に記事を作って記録し，引越後にもまた別の記事を作ろうと編集子は考えている．

## GS-1に超高域と超低域を追加

　田中氏のリスニングルームは6畳ほどのリビングスペースを2室連結して使用しており，長手方向にスピーカーシステムを配置している．マンションの玄関に入ると，引越の準備か，廊下の左側には段ボール箱が積まれ，横歩きでないとリスニングルームに入れないほどだ．聴取ポジションはスピーカーから2mほどと近いので，直接音を浴びるように聴く感じだ．聴取ポジションのすぐ後ろにリビングと廊下を隔てる扉があるが，長い波長の低域再生に対応するため，扉は開け放たれている．

　メインのスピーカーシステムはオンキヨーGS-1で，1984年の発売当時は大変な話題となったオールホーン構成の2ウエイシステムだ．田中氏はGS-1を1990年ごろに新品で入手したので，すでに30年近くお使いとのことだ．この2ウエイシステム

広い間隔でオンキヨーGS-1を内振りにセットし，一人で音楽を楽しむための精密な調整がなされたリスニングルーム

物静かな印象の田中氏だが，その巨大なシステム構成，アクティビティには驚かされる

中央手前にブルーレイプレーヤーなどのソース機器を積み，その後にデジタルチャンネルデバイダー，アッテネーターを置いている．左のアンプはサブウーファー駆動用で，BTL接続している．板台車は田中氏の自作で，厚さの異なる2枚のシナ・アピトン合板で拘束材を挟んだ厚板を用いて，強度を得ながら鳴きを抑えている

にサブウーファーとスーパートゥイーターを接続して4ウエイマルチアンプシステムを構築している．

　GS-1は内蔵のクロスオーバーネットワークを使用せず，マルチアンプでドライブしている．クロスオーバー周波数は400Hz，スロープは-12dB/octとなっている．サブウーファーは，ダイヤトーンの46cmウーファーを改造してMFB仕様とし，大容量の密閉型エンクロージャーに収めたシステム．左右でユニットとエンクロージャーが異なるが，40Hz以下を再生するだけなので，実際に聴いても違和感はない．スロープは-96dB/octとなっている．MFBの効果で10Hzまで再生可能という．MFBは，左チャンネルが検出コイルを追加したもの，右チャンネルがボイスコイルそのものからフィードバックをかけるもので，いずれもセンシング回路を持ち，A-10Xに接続している．

　サブウーファーのユニットは，磁気回路の後ろに充分な質量を持つ真鍮製円柱を取り付けてリアバッフルと結合し，振動板の反作用を受け止めている．

　スーパートゥイーターはゴトウユニットのSG-188BLで，ベリリウム振動板と大量のアルニコ磁石を使用したもの．これはクロスオーバー周波数14kHz，スロープ-96dB/octで使用している．

　サブウーファー以外は振動板位置を揃えたうえで，アキュフェーズのデジタルチャンネルデバイダ

1980年代後半の金田明彦氏の回路を用いたバッテリードライブDCパワーアンプ．アルミシャシーの内側に銅板を貼り，共振を抑えている

フォステクスのスピーカーシステムの奥に，アキュフェーズのパワーアンプ2台を置いている．アンプが横向きなのはスピーカーケーブルを少しでも短くするため

ーでタイムアラインメント調整を行い，リスニングポイントでベストな特性になるよう調整されている．

デジタルプレーヤーはオッポのブルーレイプレーヤーUDP-205で，デラのNASを接続している．UDP-205の内蔵デジタルアッテネーター減衰量をできるだけ少なくするよう，アナログ出力にマランツのパッシブアッテネーターを接続している．

チャンネルデバイダーで帯域分割し，超高域とGS-1の高域にはアキュフェーズのA級パワーアンプA-20，GS-1の低域にはアキュフェーズのモノーラルパワーアンプM-8000，超低域にはNECのプリメインアンプA-10Xをブリッジ接続で使用している．

## リアリティに満ちたオーディオ再現

田中氏の本業はインダストリアルデザインで，オーディオを構築するにも理論と実際をすり合わせておられる．GS-1を選んだことだけでも，曖昧さのな

拘束材でダンプしたFRPによるホーンを採用し，全帯域にわたって抵抗制御されフラットなレスポンスを獲得したGS-1．上に載せた巨大な磁気回路を持つホーントゥイーターは14kHz以上を再生する

大規模マンションゆえか，AC電源ラインにはノイズが混入するため，TDKのノイズフィルターを使用している

いリアリティに満ちたオーディオを目指していることがうかがえる．GS-1を中心としたこのシステムからは，明確な音像定位，ナチュラルな音場感，奥行き感を感じ取ることができる．サブウーファーをカットしても，GS-1はローカットしていないので，低域がゴッソリとなくなるわけではなく，特別な音源でない限り，わずかに厚みが減る程度である．

聞けば田中氏はMJ誌の長年にわたる読者で，かつては真空管アンプや半導体アンプを製作し，スピーカー製作にも詳しい．MJでスピーカー製作記事連載中の小澤隆久氏とも交流があるそうだ．

室内には使用していないスピーカーシステムのほか，ホーン，ドライバー，ウーファーが大量にあり，引越先での稼働に備えているそうだ．ゴトウユニッ

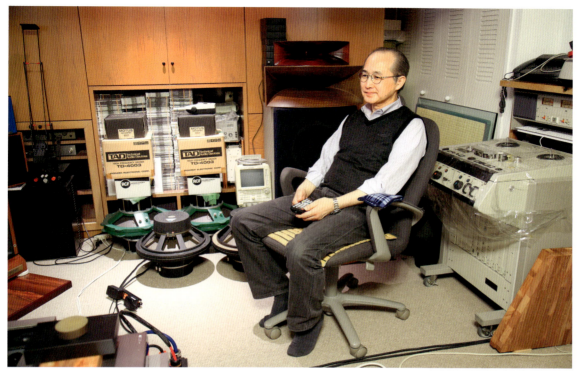

リスニングルーム右側にもスピーカーユニットのストックが積まれている．後ろにはオタリのプロ用オープンデッキが置かれている．田中氏が座っているのは実際のリスニングポイントから右にずれたところ

エンクロージャー上には，アルテック515BやJBL2202，TADのTD-2001など予備のユニットが出番を待っている．右はダイヤトーンのサブウーファー予備

トのドライバーとウーファーは，大規模なマルチアンプシステムを構築するためのものだから，いずれ低音ホーンを作るのだろうかなどと，余計な心配をしてしまった．実際，低音ホーンの超マニアとも交流があり，システム構築にアドバイスを行っているそうだ．

　田中氏のオーディオシステムの引越先では，実は山崎氏が導入する予定の装置と同じものが入ることになっている．新システムが稼働し始めたら，また取材にうかがう予定だ．

---

編注：p110〜115の山崎氏所有の超低域スピーカーRIS-1のもう1本は田中氏が所有していましたが，田中氏は2018年11月にご逝去されたため，残念ながら計画は実現しませんでした．

> コラム

# リスニングルームでのスピーカーとリスナーの位置

　リスニングルーム内における，スピーカーとリスナーの位置については，古くはオルソン博士が提唱した配置が有名で，部屋の横幅に対して2本のスピーカーの間隔と聴取位置を決めるものであった．聴取位置は厳密に規定されているわけではなく，比較的広いエリアとなっている（図1）．

　また，正三角形の頂点にスピーカーと聴取位置を設ける方法は，録音スタジオやフィリップス方式のモニタースピーカー配置の推奨も，この方法である（図2）．

　スピーカーをリスナーの方向に向ける方法と，壁面に平行に置く方法もあり，左右壁面の特性によって選択すべきものと考えられる．

　一般に，スピーカーを壁面やコーナーに寄せると低域が持ち上がるので，測定と聴感をすり合わせて，最適位置を割り出したい．

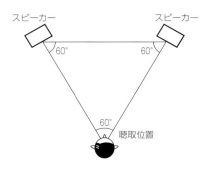

図2　正三角形の頂点にスピーカーと聴取位置を配置する

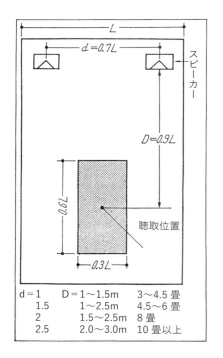

図1　オルソン博士の推奨する，スピーカーと聴取位置の関係

正三角形の頂点にスピーカーと聴取位置を配した例（関 嘉宏氏宅）

# 専用に建築したリスニングルーム

理想的なオーディオ聴取のために，防音，吸音，反射，定在波抑制などを考慮した専用のリスニングルーム．

関 嘉宏氏

高井孝祐氏

石川要一朗氏

斉藤洋一氏

成宮真一氏

永瀬宗重氏

町田秀夫氏

山崎剛志氏

竹澤裕信氏

小原康史氏

# 休日だけの贅沢な
# オーディオと音楽の隠れ家

キャリアの長いオーディオ・音楽ファンには，古い機器と新しい機器をうまく使いこなしているかたが多い．今回訪問した関氏もその1人で，CDプレーヤーとパワーアンプ，スピーカーシステムに現代のものを使いつつ，そのほかは30年以上前の機器で，それらの調和で音楽を生き生きと鳴らしている．休日だけ訪れる隠れ家のようなリスニングルームには，さまざまな工夫が凝らされていた．　　　　　　　　　　　　　（MJ編集部）

神奈川県鎌倉市
**関 嘉宏氏** SEKI Yoshihiro

## 自らのアイデアを活かしたリスニングルーム

　今回取材にお邪魔したのは，休日になると鎌倉のリスニングルームへ赴き，近所に気兼ねなく大音量で音楽を楽しむ，うらやましい環境の持ち主，関嘉宏氏宅である．平日のお住まいである横浜のマンションでは，思うような音量を出すことができないので，オーディオを存分に楽しみたいときは，鎌倉まで足を伸ばしているそうだ．

　閑静な住宅街にある関氏のリスニングルームは実効8畳の洋間で，建物そのものが母屋とは別棟になっているうえ，正面にガラス窓を2重に配し，各壁面も遮音を重視して作られている．かなりの音量で音楽を聴いても，窓越しに見える庭で野鳥が驚かないほどの高い遮音性能が得られているようだ．

　スピーカーを置いている床面は，コンクリート直打ちの上にカーペットを張ってあり，大変強固な構造となっている．そこから手前はフローリング仕上げで，カーペットなどの吸音性のものは置かれていない．

　正面壁から天井にかけては窓の上から傾斜が付けられ，不整形として室内音響を整えている．左右壁は吸音面と反射面が交互になるよう工夫され，さらに天井裏にはグラスウール板を吊るしたトラップが仕込まれていて，低音の吸音に寄与しているとのこと．また，左右壁と天井には発泡スチロール製音響拡散体を取り付け，音像定位を向上させている．

　ドアは遮音性能の高い専用のものではないが，グレモンハンドルによってしっかり閉まる構造で，音漏れを減少させている．

　これらの造作は，工務店を営む知人の協力もあって，独自の工夫を凝らしたリスニングルームが完成できたそうだ．

## 新旧の機器を使いこなす

　オーディオのキャリアは30年超で，過去にアルテック620B，B&W Nautilus802 などのスピーカー

CDよりもLPを聴く時間のほうが長いとおっしゃる関氏．音楽の楽しみとオーディオ的快感を両立している

ダブルアーム仕様のケンウッド L-07D，アキュフェーズの CD プレーヤーを左側のタオックの鉄製ラックに収め，マランツとマークレビンソンのプリアンプは右の木製ラックに収めている．レコードスタビライザーはマグネシウム製

前側にウィーンアコースティクス Mozart Grand Symphony Edition，後側にマクソニック S-2500 を配置．いずれもスーパートゥイーターを付加している

を使用してきている．関氏は，昔のスピーカーシステムはユニットが豪華な割にエンクロージャーが弱く，現代スピーカーではエンクロージャーが強固になったとお考えで，ウイルソンやアヴァロンのようにユニットもエンクロージャーも充実し，空間再現性の高いシステムを理想としている．しかしそれらの導入には予算的な壁があり，現在のウィーンアコースティクス Mozart Grand Symphony Edition に落ち着いているという．購入の際，この上位モデルの Beethoven Baby Grand Symphony Edition も検討したが，Mozart でも充分な低域再生が得られたそうだ．

Mozart の天板にはパイオニアのリボントゥイーター PT-R9 が載せられている．これはアッテネーター

スピーカーから聴取ポイントまでは2mほど．壁の1次反射が起きるポイントに音響拡散体を置いて，2次音源ができないように配慮している．左奥のラックには，カセットデッキ，FMチューナー，DATデッキ，クリーン電源装置を収めている

と0.47μFフィルムコンデンサーを介してMozartに並列接続されていて，空間情報を醸成するのに寄与している．

Mozartはマランツのパワーアンプ SM-11S1で駆動し，スピーカーケーブルにはベルデンのLANケーブルを使用しているのが興味深い．LANケーブルは，以前主流だったBNC端子に適する同軸構造で，中心の導体のみ使用し，周囲のシールドは接続していない．これが音質的には好ましいとのことだ．

スピーカーシステムは，このほかにマクソニックS-2500も使用していて，以前にアルテック604同軸ユニットを搭載した620Bを所有していたこともあり，いつか再び38cmの同軸システムを手に入れたいと考えていたそうで，タンノイやUREIも候補に上ったという．そして，最近手に入れたのが旧マクソニックのシステムとのこと．

マクソニックは能率が高くて豪快なサウンドが得られ，古いジャズを聴くときには絶好のシステムだが，周波数レンジが狭いので，アクティブ型サブウーファーで低域を補強し，スーパートゥイーターとしてヤマハ JA-0506を追加している．スーパートゥイーターはアッテネーターを使用せず，0.33μFフィルムコンデンサーだけでつないでいる．

マクソニックは，サン・オーディオの真空管パワーアンプ SV-6L6SX の出力管を 6L6GA に，整流管を 5R4GY に変更したもので駆動している．真空管はさまざまなものに交換して聴き，いまのところこの組み合わせが好ましいそうだ．パワーアンプは，分厚く強固で重い1枚板の囲碁盤に載せられていて，振動対策になっているものと想像される．

リスニングルームはソファが1つだけしかなく，1人で音楽を楽しむための贅沢な部屋という雰囲気．後壁面のラックにはCDが大量に並んでいる

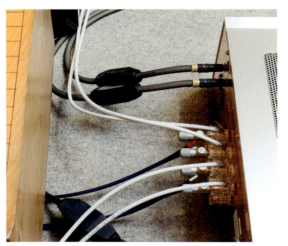

ベルデンのLANケーブルをスピーカーケーブルに使用．ゴールドムンドのアダプターはトゥイーター配線用

## アナログ再生重視のシステム

　アナログプレーヤーはケンウッドが高剛性指向で高級オーディオ機器を製造していた時代のダイレクトドライブ方式のL-07Dで，純正トーンアームにデノンDL-103が取り付けられている．さまざまなカートリッジを試した結果，お米のご飯を毎日食べても飽きないのと同じく，DL-103に戻ってしまったという．

　またモノーラル再生用にオーディオテクニカの放送用トーンアームAT-1501Ⅲを取り付け，デノンDL-102と組み合わせている．L-07Dはオプション装着でダブルアームへの発展が可能であったが，前の持ち主が自作したアルミベースにAT-1501Ⅲを取り付けた状態で入手したため，そのまま使用している．

　DL-103の出力はフェーズテックの昇圧トランスT3を経て，マランツの真空管プリアンプ#7に入力されてRIAA等化され，その出力をマークレビンソンのプリアンプLNP-2Nのライン入力に接続して使用している．マランツ#7だけでは音質が鋭くなり過ぎて疲れるそうだ．

　CD再生にはアキュフェーズのCDプレーヤーDP-410を使用し，パソコンからのハイレゾ音源も，そのUSB接続で再生している．

Mozartに載せたリボントゥイーターPT-R9用のハイパスフィルターは，パークオーディオのフィルムコンデンサーとフォステクスのアッテネーターを組み合わせたもの

手前はMozart用のパワーアンプ，マランツSM-11S1，奥はマクソニック用のパワーアンプ，サン・オーディオSV-6L6SXで，分厚い碁盤の上に置かれている

正面の窓から左右壁にかかるコーナー部分には傾斜が付けられ，床は六角形になっている．レコードラックと拡散体は左右対称位置に配置している

　アナログプレーヤー，CDプレーヤー，プリアンプには，CSEのクリーン電源装置からAC100Vを供給し，マランツ#7にはさらに117Vトランスで昇圧した電源を供給している．
　レコードクリーニングにはレイカのクリーニング液を使用して，好結果を得ているそうだ．
　関氏のお好きな音楽のジャンルは，女性ヴォーカルとヨーロッパのジャズとのことで，撮影終了後にリスニングポジションで聴かせていただいた．来客への歓迎の意を込めてとの思いか，低域のタップリ入ったCDを再生してくださった．『竹竹』，リファレンスレコーデョングスの『展覧会の絵』，ブライアン・ブロンバーグ『ウッド』など，スリムなエンクロージャーから出ているとは思えないような，部屋の空気が飽和するくらい強烈な低音が襲ってくる．そして，スピーカーに音がへばりつくことなく，空間がうまく再現されている．
　LPに切り換え，モノーラル盤の女性ジャズヴォーカルでは，奥行きのある再現，テラークの『春の祭典』では強烈な土着的リズムと鮮やかな色彩感が堪能できた．松任谷由実『ノーサイド』は，スピーカーを購入する際に専門店でCDを聴き，同じタイトルのLPはもっとよいと店長に言われたので手に入れたとのことで，抑えぎみの声量と感情が切なく，心に沁みる．
　スピーカーをマクソニックに切り換えると，ぐっとレンジが狭くなるものの，音楽の芯を掴んだ再生という感覚．まるで千葉・館山の「コンコルド」で聴くジャズと言ったら褒め過ぎだろうか．
　休日にしかオーディオ機器が稼働しないのはもったいないことだが，音楽を聴くことを非日常体験と定義するならば，毎日音楽を聴くことは，何と贅沢なことであろうか．

# ハイエンドオーディオ機器のある別棟リスニングルーム

海外ハイエンドオーディオ機器で音楽を楽しむマニアに対して，個人的には妬みを感じないわけではないが，実際にその再生音に接すれば，それは憧れに変わってしまう．以前から会津にすごいオーディオマニアがいることは知っていたが，そこに取材に行くことになろうとは夢にも思っていなかった．東京インターナショナルオーディオショウでしかお目にかかれないような機器が並ぶリスニングルームにご案内しよう．（MJ 編集部）

30畳ほどの広さを持つ天井の高いリスニングルームは，すべての壁面にQRDの音響拡散板が埋め込まれ，防音も完璧に近い．オーディオファンにとって夢のような空間だ

福島県 会津坂下町
# 石川要一朗氏 ISHIKAWA Yoichiro

## 会津の超オーディオマニア

　会津若松の石橋恒男氏（p24〜29）から，リスニングルームとコンサートの取材へのお誘いを受けたのは2017年春先のことで，その後調整を経て，6月初旬に4軒のリスニングルーム取材を行った．

　以前，編集子が所有するオーディオ機器の型番でインターネット検索していたところ，会津方面ですごいグループがあって，内外の著名オーディオ機器を聴き比べしていることがわかった．そのなかにウィルソンオーディオの大型スピーカーを所有するIY氏が参加し，当時はCDプレーヤーで音楽を，DVDプレーヤーで映像を楽しんでおられた．もちろん石橋氏も参加され，当時レイオーディオの大型スピーカーを導入したものの，部屋とパワーアンプで悩んでいるようであった．亀山信夫氏とイルンゴオーディオの楠本恒隆氏も時折会津に行って，このグループと交流なさっていたとのことである．

　石橋氏が紹介してくださった横山氏（p30〜35）と鈴木氏（p36〜41）は，アルテックのスピーカーと真空管アンプを愛用する，MJ読者的オーディオファンであったが，IY氏は輸入オーディオ機器中心で，しかもホームシアターとなれば，インターネットで見ていたときは個人的には縁遠いなと感じていた．会津取材の4件目はそのIY氏宅とわかった

背丈を超えるウィルソンオーディオの大型システムを2組揃えた石川氏

ウィルソンオーディオ X-1/Grand Slamm Series III は，電源別シャシーでモノーラル構成のジェフロゥランド MODEL 9T でドライブしている

## 回転メディアを排した 2ch 再生

　IY 氏とは石川要一朗氏のことで，お会いしたら編集子と大差ない年齢とお見受けした．ちょっとシャイな印象だったが，整然としたリスニングルームに比べ，前室の雑然とした感じに好感を抱いた．
　そのお部屋は，母屋とは別棟になった専用のリスニングルームで，二重構造の鉄筋コンクリート建築．広さは約 30 畳，天井高 4 m 以上と大きく，防音完備で強固なつくりになっている．ここにはオーディオ機器だけでなくホームシアター機器も置かれて，専門誌で紹介されたこともある，有名なお部屋である．壁面には音響拡散の QRD が多量に埋め込まれ，天井も拡散を狙った構造になっている．
　部屋に入って目に飛び込んでくるのは，ウィルソンオーディオの大型スピーカーシステム X-1/Grand Slamm Series III で，パワーアンプはジェフロゥランドの巨大な MODEL 9T がスピーカー背後に置

左右独立した壁コンセントから，モノーラルパワーアンプに給電している

機器間の配線は海外ブランドの製品を多用している．電源コードは特に太い

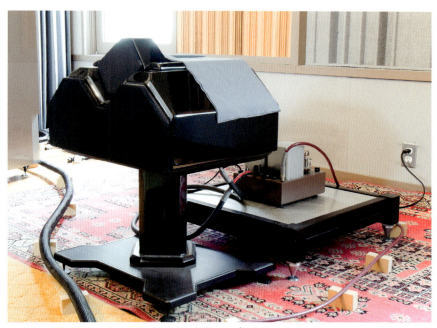
センタースピーカーは真空管アンプでドライブしている

かれている．

　2本のスピーカーの中央には，やはりウィルソンオーディオのセンタースピーカー Watch Center があり，上杉研究所の EL34 プッシュプルモノーラルパワーアンプでドライブしている．

　後の壁に目を向けると，前側と同じデザインの大型スピーカーが鎮座している．それは以前メインスピーカーだった X-1/Grand Slamm Series I で，X-1/Grand Slamm Series III 導入の際，ホームシアターのリアスピーカーに回したという．それをドライブするのは，フロントと同様のジェフロゥランド MODEL 9DC で，こちらはフロントパネルに難点があるため，安価に入手することができたものだという．さらに隣には銀色の大きな箱があり，聞けばウィルソンオーディオのサブウーファー Watch Dog で，映像ソフトを楽しむ際に威力を発揮する

高さ4mほどの天井には、床との反射を拡散する構造を組み込んでいる。150インチの昇降式スクリーンも完備

プリアンプはすべてのチャンネルに対してジェフロゥランドのCOHERENCE 2を使用している。D/AコンバーターはマージングのNADAC。映像ソフトはブルーレイ機で再生する

リアスピーカーにもフロントと同等のシステムを使用する理想的環境．機器ラックが正面ではなく横にあるのも好条件

という．

　リスニングポイントには音源機器とプリアンプなどがあり，オーディオの音源はCDプレーヤーなどの回転メディアではなく，パソコンのハードディスクに記録したPCMやDSDデータであった．CDのデータはリッピングして保存し，メディアは手放しているそうだ．パソコンの大きなモニターにソフトのジャケットが並び，選択すれば曲目が現れ，任意の曲から再生することができる．

　レコード再生を行わないためプリアンプはライン系のみで，映像ソフトのマルチチャンネルにも対応できるよう，同一のステレオプリアンプ3台で音量調整を行っている．リモコン機能で連動させれば6チャンネル同時に操作できる．もちろん2チャンネル再生の際は1台だけ使用すればよい．

　少し聴かせていただいた2チャンネル再生は，超低域から超高域までフラットな印象で，回転系のないオーディオシステムはハイレゾ音源とあいまって異次元のレベルに達していると感じられた．CDリッピング音源も素晴らしく，編集子も研究しなければと認識した次第．

# レコードコンサートを開催する20畳オーディオルーム

**成宮氏は**，地域密着型の写真館「トニーなるみや」を経営するかたわら，趣味のオーディオが高じて広いリスニングルームを建てた．アナログレコード検定2級を有し，蒐集した膨大な量のレコード使用して，毎月1回定期的にレコードコンサートを開催している．インターネット上での情報発信も頻繁で，Facebookでは毎日，聴いているレコードやレコードクリーニング方法の研究など投稿し，人気を博している． （MJ編集部）

**埼玉県さいたま市**
**成宮真一氏** NARUMIYA Shinichi

## 写真館の2階で
## 多ジャンルの音楽を楽しむ

今回取材にお邪魔した成宮真一氏のご職業は写真館「トニーなるみや」の経営で，デジタルカメラの普及でミニラボの需要が減少し，以前よりも事業規模を縮小したが，撮影旅行の主催と，その参加者の写真の画像処理，パネル仕立てなど，大型店では実現不可能なきめ細やかなサービスを展開することで，リピーターを増やしている．

かつてはカラー写真DPEのミニラボを数多く展開し，その収入をオーディオに充て，現在の使用しているオーディオ機器を揃えるに至ったという．

取材を申し込んだ当初は，「『MJ無線と実験』は難しくてあまり読んでいない．自作オーディオの雑誌に僕が出てもいいの？」と言われたが，読者すべてが真空管アンプをフルスクラッチで作るわけではなく，自作しない方もたくさんおられると説得し，快諾を得た次第．

写真館の建物は住居を兼ねていて，1階が店舗，2階がリスニングルームとなっている．現在に至るまでにリスニングルームを3回作り，2度目の部屋の設計者が優秀な方で，3度目も同じ方に依頼したとのことだ．

広さはおよそ20畳の洋間で，いかにもオーディオ的な音響処理は施されていないように見えるが，防音がしっかりしていて，大音量でも気兼ねなく音楽を楽しむことができる，羨ましい環境だ．

このリスニングルームでは，毎月1回レコードコンサートを開催し，好評を博している．そのためか2階への階段は広く，人も機器も楽に移動できそうだ．

成宮氏は青年のころから硬派のジャズファンで，ジャズ以外の音楽を聴くことはカッコ悪いと考えていたこともあったそうだが，レコードコンサートを開催するようになってからは，さまざまなジャンルの音楽にも耳を傾け，レコード一枚一枚の背景を調べながら，音楽を楽しむようになったという．演奏者や歌手のほかの作品を探したり，時代背景を探るなど，この作業で音楽の世界が広がるという．

30畳ほどの広さを持つ天井の高いリスニングルームは，すべての壁面にQRDの音響拡散板が埋め込まれ，防音も完璧に近い．オーディオファンにとって夢のような空間だ

レコードコンサートを定期的に開催している成宮氏．コンサートは会費制のため，JASRACへの楽曲使用申請を行っている

75

スピーカーシステムはレイオーディオのバーティカルツイン RM-8V. 高さ約120cm, 重量150kg. 横置きのアピトン合板ブロックは純正, 縦置きはイルンゴオーディオ製

パワーアンプはJDFのステレオパワーアンプHQS2400 UPMで, イルンゴオーディオのアピトン合板ベースボードを下に敷いている

レコードは中古ショップなどで入手するほか, 寄贈されるものも多く, 枚数は増える一方だが, 盤の状態が均質ではないので, メンテナンスには相当気を遣っている. 永年さまざまなクリーニング方法を試してきたそうで, 現在はOYAGブランドのクリーニング液とVPIのクリーニングマシンを使用している. クリーニング液の量, ブラシのかけ方, クリーニングマシンでの吸引時間, 乾燥時間などを検討し, ベストの状態を導き出している.

## 現用のオーディオシステム

部屋に入ってまず目に留まるのは, レイオーディオの大型スピーカーRM-8Vだろう. これはTADの40cmウーファー2本を縦に並べ, その間に10cm径ベリリウム振動板ドライバー+定指向性ウッドホーンを配したバーチカルツイン方式のスピーカーで, アピトン合板で強固に作られた重量級エンクロージャー, 位相を重視したクロスオーバーネットワーク「X-OVER」を組み合わせたモニタースピーカーだ.

以前はこれよりも一回り大きなスピーカーシステムRM-6Vを使用していて, また小型のKM1Vもお持ちだったが, 諸事情で手放してしまったそうだ. 部屋にはRM-6V搬入時の記念写真として, レイオーディオの木下正三氏と, 亀山信夫氏との3ショットが飾られていた.

パワーアンプは, レイオーディオの純正組み合わせとして知られたフランスJDFのHQS2400UPMで, 20年以上前の製品だが, 音の点でこれに代わるものがなく, メンテナンスを続けながら使用している.

レコード再生には3台のアナログプレーヤーを使用していて, 取材時はノッティンガムスペースデッキ+オルトフォンSPU-G, テクニクスSL-1200MK4+オルトフォンSPU-A, オラクルデルフィMK4+オルトフォンSPU-GTの組み合わせであった. カートリッジとアナログプレーヤーはこれら以外も多数お持ちだが, レギュラーとして3台が厳選され, レコードに合わせて使い分けている.

プリアンプは, 30年以上前に半導体式CR型EQで話題となった, デンオンのPRA-2000をメンテナンスしながら使い続けている. またオーディオクラフトのEQアンプPE-5500もあり, 適宜接続している.

レコードプレーヤーは、左からノッティンガムスペースデッキ+SPU-G、テクニクス SL-1200MK4+SPU-A、オラクルデルフィ MK4+SPU-GT の3系統。これらをオーディオクラフト PE-5500 フォノ EQ、デンオン PRA-2000 プリアンプに接続

CD トランスポートはオラクル CD2000、D/A コンバーターはイルンゴオーディオの model705 寺島スペシャルブルーヴァージョン、フェーダーはイルンゴオーディオ crescendo205

特徴的な外観のイルンゴオーディオ model705 は、同社アピトン合板ベースボードを下に敷いている。CD トランスポートの電源コードは、スペーサーで床から浮かせている

　CD 再生にはオラクル CD2000 トランスポートと、イルンゴオーディオの D/A コンバーター model705 で、かつて寺島靖国氏が特注したブルー外装のものを譲り受けて使用している。そのアナログ出力を、同じくイルンゴオーディオのパッシブフェーダー crescendo205 で音量調整し、イルンゴオーディオの銀線ケーブルでパワーアンプ HQS2400UPM に接続している。

　レコードと CD の切り換えは、パワーアンプへの接続ケーブルを、プリアンプまたはフェーダーに挿すことで行っている。

　長い接続ケーブル類は、床を這わせることなく、

小ホールと呼べるほどのリスニングルームの広さは約20畳,天井高は約2.6m.実際に音楽を楽しむ際は,調光ノイズなどを嫌って,レコードプレーヤーの照明のみ残す程度の暗さ

スペーサーを使用して浮かせ,床の振動が直接伝わらないようにしている.

機器の設置にはイルンゴオーディオのアピトン合板ボードが多用され,アナログプレーヤー,D/Aコンバーター,パッシブフェーダー,パワーアンプに使用されている.

## インターネットで情報発信

成宮氏は高校生のころから地元のレコード店に通い,馴染み客となるまでに長い時間を要したという.店主が店舗用のポスターを奥から出してプレゼントしてくれたり,注文していなかった名盤を取り置きしておいてくれたことなどがあって,常連客として認められたのだと感激したそうだ.また写真の仕事を始めてからは,レコード店主からカメラの相談を受けることとなり,一人前の社会人として認められたと思ったとも話してくださった.

オーディオに限らず,他人から認められるということは,斯界で一家言持つようになることであろう.つまり自分の行動に責任を持つことであり,自分だけでなく他人にも有用な真実を発信すること

であろう.

成宮氏は「トニーなるみや」のホームページで写真とオーディオの情報を発信し,Facebookにおいても入手したレコードやオーディオ機器の使いこなしなどを,ほぼ毎日,楽しい文章と美しい写真で紹介している.

## 本格的システムのオーディオ的快感

撮影中にレイオーディオの大型スピーカーを鳴らすと,重低音での振動がカメラに伝わってはマズイと気を遣ってくださり,撮影がすべて終了してから音楽を聴かせてくださった.

普段ならデモ的に「ドカン・バシン」と派手目のソフトを大音量で再生するそうだが,音量を控えめにして1曲目はジョニー・ホッジスのLP『バック・トゥ・バック』からA①「WABASH BLUES」.2曲目はZAZのデビュー盤LPからA①「Les passants ZAZ」.3曲目はジョー・パスのギターソロ『バーチュオーソ』A①「Night & Day」.レコードプレーヤーも1曲ごとに変えて,3台の音をすべて聴かせてくださった.それぞれ録音現場の

壁には自分で撮影した作品のほか，著名ジャズ写真家によるLPジャケットとそのサイン，自動車の模型などをディスプレイ．LPは同じサイズの箱を揃えて収納している

雰囲気にあふれ，ミュージシャンを部屋に招き入れたような感覚を覚えた．

次に配線を変え，CDを聴かせてくださった．最初にクラシックのピアノ イングリット・ヘブラーの演奏で，モーツァルト「ピアノソナタ第6番ニ長調のアレグロ」，次にソプラノ歌手の塩谷美奈子が美空ひばりの曲を歌っている盤から「津軽のふるさと」，続いてビッグバンドをバックに歌うトニー・ベネットとレディ・ガガのデュエットで「レディ・イズ・ア・トランプ」．

最後に少しは「ドカン」という音もどうぞとサービスされ，Dido『Safe Trip Home』1曲目「Don't Believe in Love」を聴かせてくださった．今まで抑え目だった音量から解放され，体に音圧を感じながらオーディオを楽しむのは久しぶりで，快感ですらあった．このサウンドをレコードコンサートで体験できるとなれば，ここに通える方が羨ましい．

レコードのクリーニング液，ブラシ，洗浄と乾燥の時間などを綿密に検討してベストの方法を会得した成宮氏．クリーニング液とブラシはOYAGブランドのもの

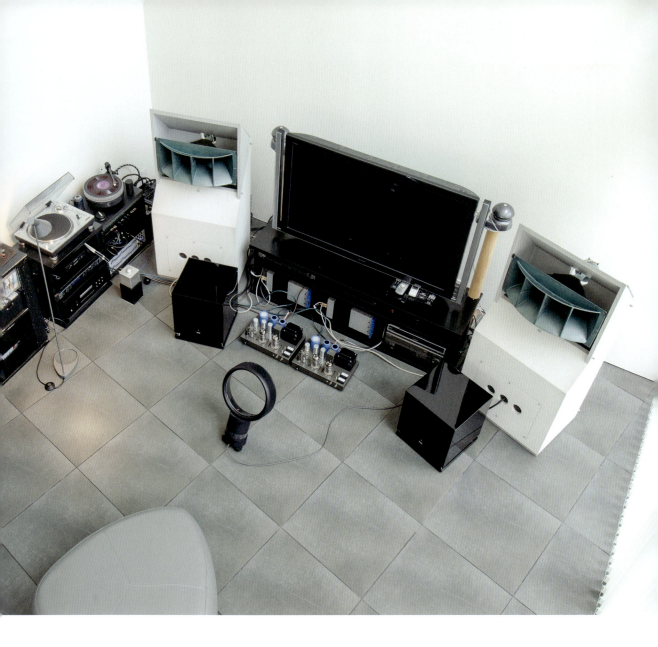

# ジャズと邦楽を楽しむ，
# 2階吹き抜けのリスニングルーム

グラフィックデザイナーとして活躍中の町田氏は，20年以上前にMJ主催の「自作アンプコンテスト」に参加したほどの真空管オーディオファン．音の反応の速さと軽さを求めてスピーカーシステムも自作したのは，ジャズと邦楽を鳴らすために必要なオーディオ的条件からであった．フルレンジユニットによる再生を理想としながらも，結果的に4ウエイとなったが，求めているのはフルレンジのような音の佇まいであろう．（MJ編集部）

ラック内のAmpzilla2000でホーンドライバー以外の帯域を再生．手前の6C33C-B OTL アンプはアルテック802Dだけをドライブしている，ちょっと変わったバイアンプ駆動システム

**東京都府中市**
**町田秀夫氏** MACHIDA Hideo

## 筋金入りの自作ファン

　今回取材を受けてくださった町田秀夫氏は，1994年1月開催の「第6回自作アンプコンテスト東京大会」にWE350Aアンプを出品し，その後1997年1月号でこのコーナーに登場している．キャリアの長い真空管オーディオファンだ．350Aアンプは，渡辺直樹氏の回路を参考に製作したもので，スマートなシャシーが美しいワインレッドに塗装されていたのが印象的で，当時編集子は音質の差も大してわからず，姿形の美しいアンプに惹かれていて，町田氏とアンプのデザインの話を少しだけしたように記憶している．確か，町田氏が初めてお作りになった真空管アンプで，シャシー塗装を何回も重ね，最後はバフ仕上げをして苦労なさったはずだ．

　リスニングルーム記事に登場した際は，JBLパラゴンをヒントにした，同軸2ウエイホーンスピーカーシステムを披露してくださった．ユニットは高

ジャズの肉体感，研ぎ澄まされた邦楽をこよなく愛し，みずからが再生する音楽に厳しい判断を下す町田氏

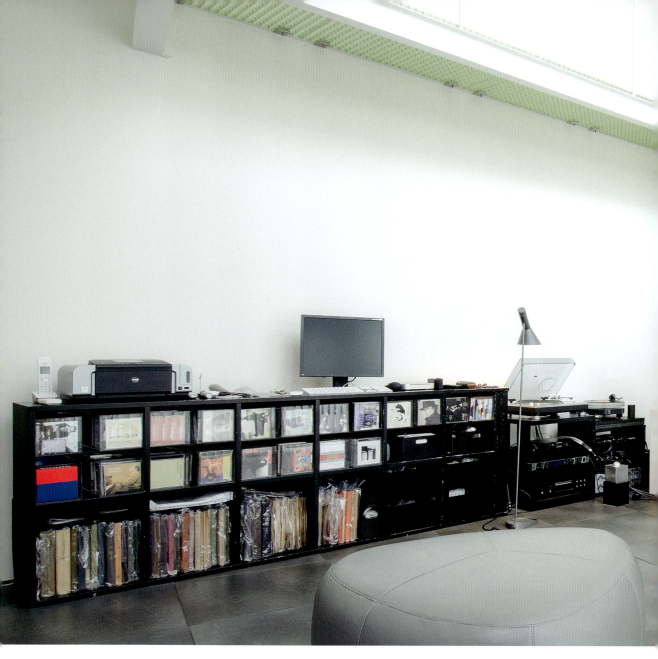

　域がアルテック802Dドライバー+511ホーン,低域がアルテック515Bをフロントロードホーン型エンクロージャーに収め,低音ホーン開口部に高域ホーンを入れて,音像をまとめようとした意欲作であった.ネットワークで高域と低域を分離し,先の350Aアンプでドライブするシステムであった.
　その後,インターネットの時代になるまで,町田氏のことは記憶から薄れていたが,町田氏がみずからのホームページ「幻聴日記」で歯に衣を着せぬ物言いで,オーディオと世相を切り取っている場面に遭遇し,1994年にお会いしたときの柔和な印象とは別人格に出会ったような印象すら受けた.

　デザイン事務所を構える町田氏の,デザインと音楽,写真,オーディオに強いこだわりを持って臨むそのお仕事は,オーディオファンなら誰しも一度ならず接している広告にも関わっている.そして,2015年に山口克巳氏が上梓した『ジャズ名盤セレクション』のカバーデザインを作ってくださったのも町田氏である.

## 新しい家でオーディオを再開

　6年前に現在の家を新築し,広々としたオーディオ空間を手に入れた町田氏は,今まで幾度となく試

してきた2ウエイスピーカーシステムのバイアンプ駆動に改めて挑戦する．元来ジャズや邦楽を愛し，広いレンジを要求してきたわけではなかったが，エラックの360°指向性リボントゥイーター4PIで超高域を，同じくエラックのサブウーファーSUB2050で超低域を補強している．もっとも超低域から超高域までフラットを目指すのではなく，あくまでカマボコ型周波数特性を，少しだけ上下を付け足すことで，音楽がいっそう楽しく聴けることを目的にしているのだそうだ．

4PIは中高域ホーンと振動板位置を揃え，SUB2050はデジタル制御でタイムアライメントを取

正面にスピーカーシステムとパワーアンプ群，ビジュアルシステムを置き，左手にソフトの棚とソース機器を配置．天井は最も高いところで6mほど

っている．そのおかげで，片側4個のバラバラな構造のユニットが，フルレンジスピーカーのようなまとまりをもって鳴るのは，見事としかいいようがない．

バイアンプといっても，独立したパワーアンプで駆動するのはネットワークを通した中高域だけで，ここにはオーディオ専科の6C33C-B OTLが使用されている．さまざまなパワーアンプを試した結果だそうだ．そのほかの帯域はAmpzilla 2000が駆

奥がLP再生用のプロジェクト製アナログプレーヤー，ラック上段に自作真空管プリアンプ，中段にフェーズテックEA-3，下段にクラークテクニクのグラフィックイコライザー．手前にSP再生用のテクニクス．CD再生はエソテリック→ベリンガー→マイテックとA/D・D/Aを重ねて自作真空管プリアンプに接続する．プリアンプ出力はアルミ立方体のアッテネーターをドライブする

動し，特に低域はパワーアンプとウーファーはダイレクト接続（ネットワークなし）になっている．パワーアンプ内蔵のSUB2050にはライン入力ではなく，Ampzilla 2000の電力出力を接続したほうがよい結果が得られたというのは興味深い．

1Uサイズのスリムなパネルを使用したプリアンプは自作で，SRPP接続のECC84で2段増幅したのち，CRフィルターでイコライズする構成．本体はスリムだが，大型の別シャシーに電源部を組んでいて，多様な使い方にも対応できる．

現状ではEQ部分はRIAA再生カーブに設定し，テクニクスSL-1200GAEと組み合わせてSP盤再生に活躍している．SL-1200GAEは78回転を持ち，トルクも豊かで，SP盤再生にうってつけだそうだ．

LP再生はプロジェクトのプレーヤーとフェーズテックEA-3を組み合わせ，その出力をいったん自作プリアンプのライン入力に接続し，10kΩパッシブアッテネーターに接続して音量調整を行うシステムである．

CD再生でもエソテリックのSACDプレーヤーのアナログ出力をいったんベリンガーのA/Dコンバーターでデジタル化し，マイテックデジタルのD/Aコンバーターで再びアナログに戻し，自作プリアンプのライン入力に接続している．

つまり，すべての信号は自作プリアンプの最終段と10kΩパッシブアッテネーターを通過する構成で，また自作プリアンプの最終段手前には，クラークテクニクのグラフィックイコライザーが挿入されていて，SP盤再生時の補正に一役買っている．また，パッシブアッテネーターはAmpzilla 2000と6C33C-B OTLを並列にドライブしなければならず，荷が重いが，プリアンプ最終段のドライブ力とあいまって，不具合は生じていない．全システム中，レベルコントローラーはこの部分だけとは驚異的である．

手前の黒いボックスがエラックのサブウーファー,奥で木の柱の頂部に置かれているのがエラックのリボントゥイーター.白いホーン型エンクロージャーには,アルテック515Bウーファーと802D＋511ホーンドライバーが取り付けられている

## 美しい響きのなかでオーディオを楽しむ

　まだ新築の香りが残るリスニングルームは,2階まで吹き抜けとなっていて,ロフトと合わせて広大な音響空間を獲得している.鉄骨構造で中庭に臨む大きなガラス面があり,室内は非常に明るい.反射面が多いものの,平行面が少ないので,残響時間は長めだが不快ではなく,慣れれば心地よさを感じるほどだ.また,タイル張りの室内床面と中庭の地面レベルが近く,中庭との一体感もあって,いっそう広々と感じる.

　撮影の前後で音楽を聴かせてくださった.最初は森田童子のLP,怖さすら感じる歌声に背筋が寒くなる.続いて,これは超絶録音ですよと勧められた歌舞伎『蜘蛛の拍子舞』.邦楽ならではの鋭い立ち上がりの和楽器が,ストレスなく再生される.オーディオ装置のレスポンスが優れている証拠だ.編集子は邦楽には疎いが,このスピード感を味わったからには,中古盤を探して聴き込んでみたいという気になった.

　このほか,ジム・ホール,ダイアストレイツ,チャーリー・パーカー,ビリー・ホリデーなどを聴かせてくださり,どれも明瞭度高く,立ち上がりが鋭い.このスピード感が本システムのコアな部分であろう.

　鮮やかな色彩感,音楽の実在感を求めて鍛えてきた町田氏のオーディオシステムは,日ごと調子が異なるともおっしゃるが,本調子のこのシステムでは,いったいどんな音楽が聴けるのであろうか.時節を見てレコードを持って再訪問してみたい.

　また,ダイニングルームに置かれたマランツの小型システムと,ピエガの小型スピーカーから流れるバッハの響きも素晴らしかった.空間の響きが心地よいと,システムの音もいっそうよくなるに違いない.

# 材料を吟味し社屋内に建築，名品を集めたリスニングルーム

オーディオ，カメラ，自動車は男性の三大ホビーと言われるが，今回取材した竹澤氏もその例外ではなく，すべてにおいて徹底しているところが凄い．上の写真に写るオーディオ機材もさることながら，テーブルと椅子はBMW車のチューナー・アルピナのショールームの応接セットをディーラーから譲り受けたものを置いている．次ページからは，竹澤氏の歴史ともいえるリスニングルームをご覧に入れよう． （MJ編集部）

リスニングルームとは別棟にあるing ヴィンテージオーディオ博物館．JAS ジャーナル 2014 Vol.54 No.5 掲載時からスピーカーシステムを変更し，大型システムは倉庫に収めている．メインシステムはドイツMBLの全指向性スピーカーを純正アンプで鳴らしている．このほかアキュフェーズや，ドイツの真空管アンプTHORESSも揃えている

竹澤氏が使用してきた貴重なアンプ類は動態保存されている．『ステレオサウンド』誌は創刊号から揃っている

高松重治氏から寄贈を受けたケンソニック初期のT-100, C-200, P-300．スピーカーシステムはテクニクス SB-007

**埼玉県鴻巣市　ingコーポレーション**
**竹澤裕信氏** TAKEZAWA Hironobu

## 贅を尽くしたオーディオ空間

p174〜179に収録している高松重治氏から，紹介したい人がいると言われていた．自宅は都内だが，オーディオ機器とリスニングルームは郊外の企業社屋にあり，博物館のようだとお聞きしていたので，期待をもって取材することにした．

予備知識として，社団法人日本オーディオ協会の発行する『JASジャーナル』の2014 Vol.54 No.4とNo.5に収録された「試聴室探訪記」を読み，そのオーナーは個人で蒐集したオーディオ機器を処分せず手元に残していることに驚かされた．

リスニングルームのオーナーは，戦前から鴻巣で練炭の生産を開始し，その後石油とLPガスの販売を手がけてきた企業の三代目，「ingコーポレーション」代表取締役会長の竹澤裕信氏である．取材先

間口6mほどの広々としたリスニングルームに，4組のスピーカーシステムを配置．天井高は3.3m，床面積は約50m²．左右に大きく開いて置かれているPMCのシステムは，エラックのスーパートゥイーターとATCのサブウーファーを加えて，映像ソフトを楽しむ際に使用している．正面壁には社屋外壁と同じレンガを張っている

のJASジャーナルで拝見したご尊顔どおりの柔和でフレンドリーな紳士だ．

　瀟洒な社屋に入ると，応接コーナーにはオーディオ機器が並び，ここは何の企業であるか一瞬わからなくなるが，向かい側にはガラス張りのウォーターサーバーのメンテナンス室があり，この社屋は水の事業を手がけていると理解できた．額に入った練炭業の前掛けを見つつ執務室に入ると，高松重治氏と「試聴室探訪記」を担当された森芳久氏が迎えてくださった．

　執務室には数々のオーディオ機器，自動車レース関連グッズ，さまざまなコレクションがディスプレイされ，仕事場にもかかわらず楽しい雰囲気にあふれていた．しばし歓談ののち，隣接のリスニングルームで説明を受け，音楽を聴かせていただいた．

　リスニングルーム正面にはTADとエクスクルーシヴの大型スピーカーシステムがあり，左右に大きく間隔を取ってPMCのスピーカーシステムとATCのサブウーファーが置かれている．中央にはエクスクルーシヴと高さを揃えた特注ラックがあり，パワーアンプなどが収められている．ほかにもたくさんのオーディオ機器があり，古いものでもメンテナンスがなされ，いつでも使用できるようになっている．

音楽再生にはTADのTAD-R1と,エクスクルーシヴの2401twinを使用.マークオーディオの小型システムも最近導入したという

音源はCD，SACD，ハイレゾ，LPなどを揃え，2台のレコードプレーヤー，4台のデジタルプレーヤー，テープデッキも揃えている．後壁は圧縮コルク張りで，造り付けのラックは壁を抜いて機器の配線ができるようになっている

　リスニングルームの広さは約50m$^2$，天井高は3.3mあり，正面には社屋外壁と同じ耐火レンガが張られている．床は銘木の問屋で見つけたウォールナット材が斜めに張られている．問屋が当初売り渋り，何に使うかを確認し，完成後も見学に訪れたという銘木を，惜しげもなく床に張っている．部屋の設計と施工管理はingコーポレーションの代表取締役社長の諏佐憲二氏で，自ら木工を手がける建築技術者であり家具職人でもある．

　リスニングルームで聴かせていただいたのは，LPで歌謡曲，ブルーレイでクラシックと洋楽などで，キャリアの長いオーディオファンでありながら，選曲が若々しく，機器もソフトも常に新しいものを聴いておられると実感した次第．古い機器を大事にしていても，感性が瑞々しいのだ．ingコーポレーションは，竹澤氏と諏佐氏が中心となって活動する自動車レーシングチームも所有し，世界的自動車オイルメーカー「ガルフ」の販売ビジネスも手がけていることも，感性が瑞々しい一因かもしれない．ソフトに応じた音量をコントロールし，ヴォーカルではそこに歌手がいるような，映像ではコンサート会場に臨むような感覚の再生であった．

## ing ヴィンテージオーディオ博物館

　別棟には「ingヴィンテージオーディオ博物館」が

多様なジャンルとフォーマットのソフトを楽しむ竹澤氏が，もっとも好むのはレコード再生．手入れの行き届いたエクスクルーシヴ P3 で美空ひばりなどを聴かせてくださった

パワーアンプは TAD，BMC，エアーなどを揃え，スピーカーシステムごとに接続している．アキュフェーズのチャンネルデバイダーは PMC に接続している

ある．こちらも竹澤氏が蒐集したオーディオ機器を展示し，その音を聴くことのできるスペースだ．広さは約 60m² で，『JAS ジャーナル』取材時には大型のスピーカーシステムが多数置かれていたが，現在は MBL の全指向性スピーカーシステムを主役に据えているため，周囲にほかのスピーカーシステムを置くことができず，ほかの部屋に移動したものも多い．

こちらの内装工事も諏佐氏が行い，壁面も床も木材が使用され，美しい響きが得られている．造り付けの棚には，国産品を中心とした特にお気に入りのオーディオ機器が並べられている．ソニー，ラックスマン，ヤマハ，サンスイ，テクニクス，NEC などの機器のほか，小澤征爾とジョン・ウイリアムスがサインしたレンガもあり，人脈の広さをうかがわせた．

同じフロアにはオーディオと映像ソフトを楽しめるリスニングルームとストックルームがあり，所有する豊富なオーディオ機材が所狭しと並べられ，活用されていた．

昔憧れていた機器が中古店で安価に売られていると，つい手に入れてしまうんだよね，と少年のように笑う竹澤氏は，人生を楽しむ達人であると実感した．

# 自作でウエスタンエレクトリックの音を追求し，音楽を楽しむ

ウエスタンエレクトリックの音を聴いたことのある方もない方も，「憧れ」や「畏敬」を持っているに違いない．そして一度でもその音に接したならば，それを求めようとするのは自然な欲求だと思う．今回取材した高井氏は，ホームシアター建築時から映画用のアルテックA7を使用し，グレードアップと改造を経て現在の自作ミラフォニックシステムに至っている．まだ発展途上と謙遜なさるそのシステムを拝聴してきた．（MJ 編集部）

巨大なスピーカーを作り上げた高井氏．奥様は教会音楽などを楽しみながら，このシステムを批評なさる

群馬県前橋市
高井孝祐氏 TAKAI Kohsuke

## ハイエンドから
## ヴィンテージオーディオに開眼

　インターネットの時代にあって，趣味のオーディオの進展を公開している方が増え，取材先を探す参考になる．今回はウエスタンエレクトリック（WE）のサウンドを求めて日夜奮闘しているようすを公開している高井孝祐氏に連絡を取り，無理を言って取材させていただいた．

　ここは元々映像ソフトを楽しむためのホームシアターで，20畳のスペースが防音処理で17畳となった部屋．150インチスクリーンの背後にアルテックA7を3本使用したことが，高井氏が現在のシステムを構築した契機になっている．同時進行でチェロ，B&W，アポジーなどのハイエンドオーディオを経験し，行き詰まりを感じて機材を処分してしまったそうだ．売れ残ったWE300Bシングルアンプ91Bのレプリカと，A7の次に使用したダブルウーファーのアルテック817型自作エンクロージャーのシステムを組み合わせたところ，感動的なサウンドとなってオーディオを再開し，以降WEサウンドの追究が始まることとなる．

　817型エンクロージャーのフロントロードホーンに角柱を入れてミラフォニックのように改造し，次に現在のミラフォニックシステムを製作するのだが，この5年ほどで一気にここまで変貌しており，その発展のペースが速いのは驚異的である．

　主にお聴きになるソースはLPで，ラックの上にターンテーブルが3台，トーンアームも複数取り付けられているので，よほど力が入っているということが理解できる．ターンテーブルの後ろ側にWEの618Bトランス，141ユニットアンプを活用したフォノイコライザーがあり，その出力はやはりWEの120Aユニットアンプを活用したコントロールアンプにつながっている．

　パワーアンプは前述のウエスタンサウンドインク製91Bレプリカ，クロスオーバーネットワークはWEの抵抗とコンデンサーを多用したものを自作している．真空管アンプ群はネオジム磁石の強い反発力を利用した防振台に載せられ，ハウリングを防い

ラックの上には3台のアナログプレーヤー．左はトーレンスTD-150にSMEトーンアームとデッカのカートリッジ，中央はマイクロトラックに2種類のGEバリレラ，右はガラード301に3本のオルトフォンアームとカートリッジの組み合わせ．中段中央がコントロールアンプ，左にその電源部，右はフォノイコライザーの電源部．アンプと電源部は磁力で浮かせている

でいる．これが必要なくらいの大音量派ということだ．

配線材はラインケーブルもスピーカーケーブルも，すべてWEの機器やトランスなどに使用されていた単線を多用している．

スピーカーシステムは，低域がWEのTA-7396を参考に自作したミラフォニック型ホーンバッフルにランシング415ウーファーのレプリカを2本取り付け，中域はWE22Aレプリカにアルテック288改の組み合わせ，高域はWE597レプリカで構成されている．磁気回路はすべて励磁型で，電源もWE

パーツを多用して自作している．励磁電源とフィールドコイルの間にはチョークコイルを入れて音質を整えている．また，ウーファーのボイスコイルはCとRでインピーダンス補正している．

## 人気のインターネットブログ

高井氏のインターネットブログには，このシステムに至る経緯，構築の過程が詳細に記され，しかもほぼ毎日更新されており，ここのところ急激に閲覧数が増えているそうだ．ご本人はその理由に思い当

WE91Bのレプリカはウエスタンサウンドインク製で，オリジナルに忠実に再現されたもの．振動の影響を避けるため，磁力で浮かせ，右手前だけ固定している

WEのコンデンサーを使用した大がかりなクロスオーバーネットワーク．右はアルテック515Cを励磁型に改造したもので，最近まで使用していた

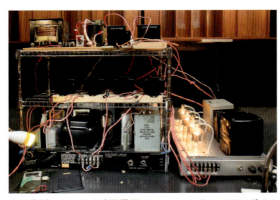

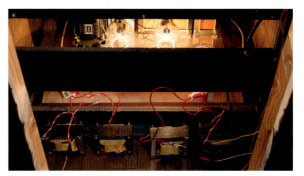

上は高域ユニットの励磁電源で，ショットキーバリアダイオードで整流．下右は低域上ユニットの励磁電源のキセノンガス整流管，下左は低域下ユニットのタンガー整流．中段のコイルは電源と励磁コイルの間に挿入したチョーク

中域ユニットの励磁電源はタンガーバルブで整流．床に並んだWEのEIコアも電源と励磁コイルの間に挿入しているチョークコイル．すべての励磁電源と励磁コイル間にチョークを挿入

自作のミラフォニックバッフルは重量の都合でランバーコア板を使用．左右に小さなウイングを取り付け，バッフル効果を高めている．ウーファー振動板に負荷を与える絞りが前面に取り付けられている

高域の597はリスニングポイントに向き，22Aはそれよりも外側に向け，ちょうどよい定位を得ている．288はアルニコ磁気回路から励磁に改造したもの．下にあるチョークコイルは597励磁コイルにつながっている

J.B.ランシングが開発した15インチ励磁型ウーファー415の忠実なレプリカを最近になって使用し始めた．上下2本のユニットの励磁電圧をずらすことで音質チューニングを行っている

座り心地のよい椅子を使用し，リラックスして音楽を楽しめる環境を整えた高井氏

たらないと仰るが，22Aホーンが思うように鳴ってくれないこと，友人から機器を借りてくること，一度作ったバッフルをご破算にして作り直すこと，などのオーディオ機器との格闘が自身の言葉で正直に語られていて，内容の信憑性が高いと見られるからだろう．さらに言えば，WEの音とは何かを，読んだ人が「疑似体験」することになるからだろう．

撮影後，高井氏はLPを何枚か聴かせてくださった．「音楽を楽しむ」ことを目的として到達したこのシステムは，ワイドレンジでもナローレンジでもない，中域の充実した「ボディ」を聴かせてくれる．巨大なサイズにもかかわらず，音像は締まって立体的ですらある．22Aホーンの向きをさまざま試し，横に寝かせて中心線を外側にずらした現在の状態が，音像の立ち現れ方がベストポジションだそうだ．また，ホーンはミラフォニックバッフルの上に置くのではなく，バッフルに建材の金属支柱を固定し，そこから吊るすことで目指す音に近づいたそうだ．

もともとホームシアターとして建築されたリスニングルームは，入口に二重扉があって遮音性が高く，昼間から大音量で音楽を楽しむことができる．大音量でも気持ちよく音楽が聴けるシステムは，完成度が高い証拠だ．

常にシステムに手を入れ，前進し続けている高井氏は，次のプランとして，ミラフォニックバッフルに替えて低域にクリプッシュホーンを導入する予定だそうだ．すでにエンクロージャーは入手しており，ガレージで保管され出番を待っていた．しっかりホーンロードがかかったスピード感のある低域を目指すという．

「完成したらまた聴きに来てください」と仰る高井氏の笑顔が印象的な取材であった．

# デジタル調整の6ウエイシステムで聴く超繊細な音楽表現

オーディオ可聴帯域をすべてホーンスピーカーで再生する夢のシステムを持つ超マニアが，日本に一体何人存在するかの統計はないが，編集子が取材したのは8名程度しか記憶にない．しかも低音がウーファー＋ショートホーンではなく，コンプレッションドライバーと長大なホーンのシステムはさらに少ない．今回取材した斉藤氏のシステムは，近い将来その仲間入りをすべく，着々と準備が進められている．　　　　　（MJ編集部）

正面にホーンシステムとアンプラック，左右に超低域スピーカーを配置して圧迫感のあるリスニングルームだが，音楽を聴き始めると，その自然さに驚かされる

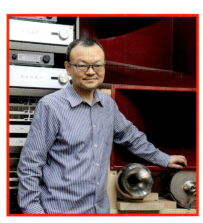

斉藤氏は幅広いジャンルの音楽を，細分漏らさず聴くために，この巨大なホーンシステムを構築した

東京都調布市
**斉藤洋一氏** SAITO Yoichi

## 巨大な6ウエイマルチアンプシステム

　オールホーンシステムはオーディオマニアが目指す最高峰であることに異論は少ないだろう．しかし理想的なホーン動作では帯域分割が多くなり，しかも低域まで充分にホーンロードをかけることは，物理的にも精神的にも負担が大きく，低音だけはダイレクトラジエーターに抑えている方も多い．今回訪問した斉藤氏は，中低域以上をホーン4ウエイとし，低域と超低域をダイレクトラジエーターとした6ウエイマルチアンプシステムを構築なさっている，超の付くマニアぶりである．

　リスニングルームはRC建築の地下1階にあり，防音のための玄関用鉄扉をあけて階段を降りると，右側にホームシアター，左側にオーディオルームと，大変贅沢な間取り．来客はまず，斉藤氏が「控えの間」と呼ぶホームシアターに通され，お茶を飲んだり映画を観たりする．鮮やかな4K映像と大迫力のサウンドを堪能したのち，オーディオルームに入ると，大きな四角い開口部を持つ4台のホーンと，丸いステンレス切削ホーン，左右の80cmウーファーが目に飛び込んでくる．

　ホーンとドライバーはすべてエール音響の特注品で，一番上が中低域用，その下に中域用，3個横並びは内側が高域用，外側2個が超高域用である．ドライバーはいずれも巨大なアルニコ磁石を用いたもので，一番外側のトゥイーター以外はすべて100kgを超える重量のユニット群である．このように重量のあるホーン＋ドライバーの設置は人力では不可能なので，リスニングルーム天井に200kg対応の電動ウインチとチェーンブロックを備え付け，重量物の移動を可能にしている．

　リスニングルームは14畳ほどのスペースで，2005年冬に完成している．地下室につながる階段では，重量物や大型品は搬入できないため，スピーカーに向かって左側にドライエリアを設けて，地上から吊り下げて搬入できるようになっている．完成当初はウエストレイクのダブルウーファーシステムTM-3とJBL S9500を導入し，地下室ならではの遮音性能を活かし，大音量で音楽を堪能していたという．

中央のラック上の左側にはハイレゾ音源を格納したNASが3台あり，その上にLANのスイッチングハブとdCSのNetworkBridgeが積まれている．右側はアポジーのデジタルI/OとオッポのブルーレイディスクプレーヤーとD/Aコンバーター．中央にGPSクロック，ラック内左にクロックジェネレーター，右にトリノフを配置

しかしマイクロファラドの高橋清和氏の薦めでエール音響のオールホーンシステムを計画し，これらはホームシアター用に使われることになった．

この巨大システムはもちろん独力で作り上げることのできるものではなく，高橋氏，エール音響の遠藤正夫社長やオーディオ仲間の協力があってのことだそうだ．

## 音の純度とフラットさを限りなく追求

6ウエイシステムは各受け持ち帯域を2オクターブとし，中低域（80〜400Hz）はカットオフ70HzのEX-70改ホーン＋126DEPBeドライバー，中域（360〜1600Hz）はEX-180ホーン＋75500Beドライバー，高域（1450〜8000Hz）はステンレス切削ホーンSD-800＋45500EBeドライバー，超高域（7000Hz以上）は17002Be＋1710SPBLというラインアップで，振動板はすべてベリリウム．17002Beには$2.2\mu F$，1710SPBLには$0.5\mu F$のDCカット用コンデンサーを直列に使用している．

低域（90Hz以下）はJBLの38cmウーファー1500ALを4本直並列接続にし，大型の密閉型エンクロージャーに収めている．さらに超低域（30Hz以下）の補強として，フォステクスの80cmウーファーを800リットルはあろうエンクロージャーに収めている．

これらをドライブするアンプは，音の純度の追求のため，出力段にエミッター抵抗を使用しない回路のものを選び，中域以上はソニーTA-A1ESプリメインアンプ，中低域以下はテクニカルブレーンTB-ZERO/INTプリメインアンプを使用している．

これだけ巨大なシステムでは，チャンネルデバイダーが重要になるが，ここではデジタル方式のコネックAPEQ8Proを2台使用し，スロープを−96dBに設定して各ユニット間のかぶりを減らしている．APEQ8Proには測定と補正の機能があるが，ここでは帯域分割のみ使用し，ホーンドライバーの振動板位置や群遅延特性の補正はトリノフST2-HiFiに任せている．

音源機器はパソコンと携帯端末から操作するネ

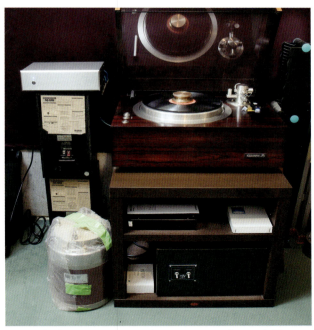

アナログ再生はエクスクルーシヴP3にDSオーディオの光電カートリッジを組み合わせている。ラック左には巨大な低音用コンプレッションドライバーが控えている

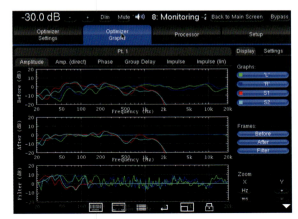

トリノフによる測定を経て信号処理・最適化することで，画面中央のフラットな伝送特性（青いグラフ表示）を実現している

帯域分割はコネックAPEQ8Proで行い，5台のD/Aコンバーターからそれぞれ5台のプリメインアンプに接続して各ユニットを鳴らす．ラックは地震対策として天井からテンションを与えている

ットワークオーディオで，音楽データはメルコシンクレッツとアイ・オー・データ機器のオーディオ用NASに格納している．これらを有線LANでdCSのNetworkBridgeに接続してS/PDIF変換され，トリノフで信号処理してAES/EBU出力をAPEQ8Proに入力するものだ．

APEQ8ProのAES/EBU出力はオッポのSonica DACに接続し，ここで初めてアナログ信号となり，パワーアンプに入力される．超低域だけはトリノフのデジタル処理で帯域分割してからアポジーのSymphony I/Oに接続してD/A変換し，パワーアンプに接続している．

デジタル機器のNetworkBridge，ST2-HiFi，Symphony I/Oは96kHzのマスタークロックで同期させ，96kHzはルビジウムおよびGPSクロック

中低域と中域ホーンドライバーは，長ネジで床に固定した低域エンクロージャーに載り，トゥイーター群はその前に立てたスタンドに設置．振動板位置の差はトリノフの信号処理で解決している

大きな中低域ホーンスロートは垂直に立ち上がり，上部で90°左に曲げられている．ドライバーの直径は25cmほどと巨大

で生成した10MHzから作り出している．

## 異次元のダイナミックレンジ

　前置きが長くなったが，この巨大システムの音は繊細そのもので，地下室ならではの静けさと相まって，さほど大きな音でなくとも広大なダイナミックレンジを堪能でき，トリノフの補正の効果で音像のまとまりも大変よい．

ホームシアターでの大音量を体験したあとでは，一聴すると小さな音で迫力に欠けるが，実はダイナミックレンジが音量の小さいほうにシフトしていて，微細な音まで鮮明に聴き取ることができるのだ．機器すべてに情報量の多さと高いS/Nを求め，強大な磁気回路とホーン負荷で超軽量の振動板を制動した結果であろう．

　ホーンとドライバーは飽くなき探求心から何度も大型のものに交換され，現在に至っている．セッテ

「控えの間」と呼ばれるホームシアタールーム．マルチチャンネル音声の左右はJBL S9500，センターはウエストレイク TM-3 と豪華．パワーアンプはマークレビンソンで統一されている．サブウーファーは右にボーズのキャノン，右にマグナットの53cmシステムを使用

巨大なアルニコ磁石を擁するホーンドライバーとトゥイーター．中央のトゥイーターは13kHzくらいまでのレスポンスしかないため，右のトゥイーターを追加している

手元の端末でNASを操作してハイレゾ音源を再生する斉藤氏．80cmウーファーが間近にセットされているが，「鳴っている」感覚はなく，きわめて自然

ィングは基本的に1人で行うため，電動ウインチと油圧ジャッキを活用して細心の注意を払って安全に作業している．

　中域のEX-180ホーンは裏面にダンプ材を塗ってホーン鳴きが起こらないようにしているが，中低域のEX-70ホーンは開口部にダンプ処理を行っていないため，手で叩くと「コーン」と響く．しかし実際に音楽を聴くと，嫌な響きは乗ってこない．これは−96dBスロープで使用したからこそで，緩やかなスロープでは気になりだすという．

　斉藤氏のシステムはこれで完成ではなく，日夜改良の手を休めない．D/Aコンバーターをオッポのブルーレイディスクプレーヤー UDP-205 に交換すべく，5台入手済みであった．またすでに低音用の巨大なドライバーを入手しており，いずれは長大な低音ホーンを導入してJBLウーファーと置き換える計画だそうだ．低音ホーンが完成したら，ふたたびレポートしたい．

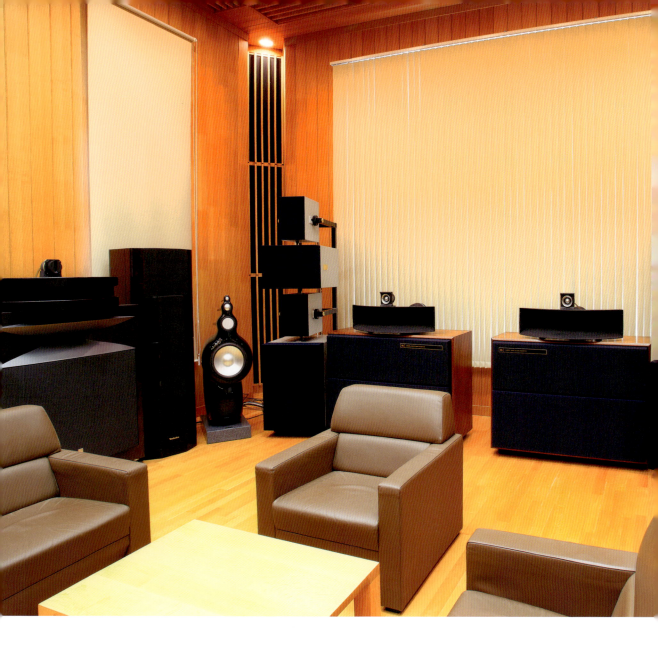

# ゴールドムンドのFull Epilogue スピーカーシステムを導入

オーディオマニア集団「ダブルウーファーズ」の会長として知られている永瀬氏は，約30畳もの広大なリスニングルームに，多数のスピーカーシステムとアンプ群を並べて，それぞれの個性を楽しんでいる．最近，そのリスニングルームに希少なゴールドムンドFull Epilogue を導入したと聞き，さっそく取材を申し込んだ．今回は滅多にお目にかかれない Full Epilogue を誌面でご紹介しよう． （MJ 編集部）

茨城県守谷市
**永瀬宗重氏** NAGASE Sohji

## まさかの Full Epilogue

　これまでに『MJ無線と実験』のリスニングルーム訪問取材を2回，測定取材を1回受けてきた永瀬宗重氏が，日本にわずかしか存在しないという希少なスピーカーシステム，ゴールドムンド Full Epilogue を導入なさったと聞き，セッティングが決まってきたところを取材させていただく約束を取り付けた．

　リスニングルームに案内されると，挨拶もそこそこに，永瀬氏は「まずは聴いてみてください」と仰る．部屋の正面に現代彫刻のような Full Epilogue がそびえ立ち，こちらを見下ろしている．アルミ製エンクロージャーということから「ガチッ」とした音かと勝手に想像していたが，そんな陳腐な先入観を吹き飛ばすナチュラルさがあった．驚くほどスムースで自然，力んだところがない．音像が軽やかにたたずみ，スピーカーから音が出ている感じがない．これは凄い．

　このシステムは昨年から，それまでのシステムと入れ替えることが仲間内に予告されていたものの，機種は秘密となっていたが，昨年秋の東京インターナショナルオーディオショウの会場で永瀬氏にバッタリ遭い，そこで初めて教えてくださったのが，ゴールドムンド Epilogue のフルシステムを導入することであった．

　永瀬氏は2012年から Epilogue 1+2 システムをお持ちで，それを2017年9月に手放し，次は一体何かと仲間内で噂されていた．多くの人がまったく違うシステムを想像していたが，それが Epilogue 1+2 を発展させた Full Epilogue とは誰も想像していなかったことだろう．普通なら Epilogue 1+2 にウーファーシステムなどを追加して Full Epilogue にシステムアップさせるところだが，すでに生産が終了しているので，いかんともしがたい．2017年8月末に偶然 Full Epilogue の出物が現れたというから，Epilogue 1+2 システムを手放す決心したことは想像に難くない．

　しかし，永瀬氏はちょうどそのころ大きな手術を受けることが決まっており，冗談半分に「生きて帰ってきたら引き取る」と返事したという．手術

多種多様なスピーカーシステムが並ぶ永瀬氏のリスニングルーム．Full Epilogue のジャージネットは JBL モニターと同じブルーに張り替えている

パソコンからネットワークプレーヤーを操作し，NAS に格納したデジタル音源を再生する永瀬氏

中央に永瀬氏のアイデンティティともいえる JBL4350 があり，エンクロージャー内の 38cm ダブルウーファーを活かし，上に載せたホーンドライバーとトゥイーターで 3 ウエイシステムを構成している．その左右に今回のゴールドムンド Full Epilogue をセットし調整を行っているが，すでにリスニングルームの主役となった

はもちろん成功し，入院中もずっと Full Epilogue のことを考えていたそうだ．退院後，すぐに Full Epilogue を手にしたのではなく，前オーナーのシステム入れ替えに時間を要したため，永瀬氏のもとに届けられたのは今年の 2 月になってからであった．

## Epilogue の概要

　Epilogue とは，スイスのゴールドムンドが 1997 年に発表したスピーカーシステムで，アルミ製エンクロージャーと，スパイクによる支持が特徴だ．

　Epilogue 1 は基本となる2ウエイシステムで，これに Epilogue 2 および Epilogue 3 ウーファーシステムを追加することでシステムアップできる．

　側板にスタンドとの接触部があるが，これは位置決めだけに用いられ，重量を支えているのはスパイク1点のみというユニークな構造である．Full Epilogue では Epilogue 2 の上下に Epilogue 1 を2台置き，一番下に Epilogue 3 を配置する．高さ2m，重量320kgもの巨大システムである．

　Epilogue 1 および2のリアバッフルには，見慣れた赤黒のバインディングポストのほか，ゴールドムンド独自の大型同軸コネクターがあり，専用のケーブルで接続する．

　Epilogue の以前には同様のコンセプトによる巨大システム Apologue（1987年発表）があるが，Epilogue では低域ドライバーを2本向かい合わせ

フレームは全体の位置決めに使用されており，積極的に荷重を負担するしくみではない．奥行きは80cmもある

Epilogue2の入力端子はゴールドムンド独自の端子と一般的なバインディングポストを備えており，Epilogue1に帯域分割した信号を送ることができる

Epilogue1の入力も専用端子バインディングポストを備える．内蔵クロスオーバーネットワークを使用したネットワーク式マルチアンプシステムを構成している

Epilogue2および3は同一ユニットを使用したウーファーシステムで，ユニットは2個ずつ振動板どうしを向かい合わせにしたタンデム駆動となっている．中央のEpilogue1は上側よりも後に下げてセットされている．システムの重量のほとんどは前側のスパイクが支えている

で使用しているのが特徴である．

Epilogue 1および2はクロスオーバーネットワーク内蔵で，3はパワーアンプ内蔵である．Epilogue 1+2システムでは，2に内蔵したクロスオーバーネットワークから1に信号を供給できるので，1台のパワーアンプでもドライブできるが，永瀬氏は独立した3台のパワーアンプを用いてドライブしている．Epilogue 3はパワーアンプ内蔵なので，4ウェイマルチアンプシステムだが，チャンネルデバイダーで帯域分割するのではなく，Epilogue内蔵のクロスオーバーネットワークを活かしているので，パワーアンプ前段のチャンネルデバイダーは，レベル

デジタル音源はパソコンのファイル管理ソフトによって，NASからネットワークプレーヤーに送られ，そのデジタル出力をコードのD/AコンバーターDAVEに接続して再生している．手前のJBLオリンパスは机としても活用している

左奥のラック最下段のMimesis 29.4がEpilogue用で，上に4台並ぶTelos 600はB&W Nautilus用．右側手前のラックにネットワークプレーヤーとD/Aコンバーターを収めている

上側のアキュフェーズのデジタルチャンネルデバイダーDF-45は帯域分割機能およびタイムアラインメント機能を使用せず，バッファーとミュート機能のみ使用している

コントロールとバッファーの機能しか使用していない．

　Full Epilogueのマニュアルには，スピーカーからリスニングポジションまでの距離に応じたセッティングが記載されており，Epilogue 3を土台にして，上に載るEpilogue 1および2の前後位置はマニュアル通りにしている．横から見ると，上側のEpilogue 1に比して下側のEpilogue 1は若干奥にセットされ，リスニングポジションからの距離を等しくしているものと思われる．デジタルチャンネルデバイダーのタイムアラインメント機能は使用していないというから驚きだ．

　現状ではパワーアンプをゴールドムンドで統一し，上側と下側のEpilogue 1にそれぞれMimesis 28MEを1台ずつ，Epilogue 2にMimesis 29.4を接続している．Epilogue 3にはMimesis 29.4相当のパワーアンプが内蔵されている．

## 未知のパフォーマンス

　永瀬氏のFull Epilogueはセッティング開始からまだ2か月も経っていないが，すでに別格ともいえるパフォーマンスを発揮している．接続する機器の個性，再生するソースをありのままにさらけ出すスピーカーだからこそ，取り組み甲斐があるというものだが，ここまで追い込むには相当な試行錯誤を繰り返したに違いない．膨大な機材ストックから最適なものを選び出すセンスは，永瀬氏にしか持ち得ないものだろう．

# 自作大型4ウエイシステムで
# 追求する迫真の音楽再現

JBL4350システムのユーザーで結成された「ダブルウーファーズ」の副会長である山崎剛志氏が作り上げた巨大スピーカーシステムFUJIYAMAが，1年ぶりに復活し，再噴火した．新しいリスニングルームと超低域再生システムの追加で，以前よりも小音量で音楽を充分に楽しめるようになった．「ダブルウーファーズ」会長も羨む完成度の高いサウンドと，相模湾を一望する絶景を体験してきた． (MJ編集部)

巨大で複雑なシステムを作り上げた山崎氏．その熱意で短期間に完成度の高いサウンドを獲得した

神奈川県真鶴町
**山崎剛志氏** YAMAZAKI Tsuyoshi

## FUJIYAMA 再噴火の準備

2018年の『MJ無線と実験』4月号でお知らせした，真鶴の山崎剛志氏製作の大型スピーカーシステム"FUJIYAMA"は，2018年1月をもっていったん解体され「休火山」となり，建物ごとリニューアルするとのことであったが，建物の建築が秋には終わり，それに合わせてFUJIYAMAの「再噴火」も着々と準備が進んでいた．

山崎氏のブログとFacebookでは，新リスニングルームのようすがときおり報告され，編集子も大いに気になるところであった．新リスニングルームは以前よりも床面積を縮小するものの，2本のFUJIYAMAの間隔はかえって広くするとのことであった．

FUJIYAMAとは，JBLのプロ用フロントロードホーン型エンクロージャー4550の幅を拡げたような自作エンクロージャーに，38cmウーファーを4本取り付けた低域，直径80cmはあろう巨大な開口部を持つ円形ストレートホーンにJBLの2インチドライバー2450Jを取り付けた中域，同じく2450Jに短いストレートホーンを取り付けた中高域，JBL2405ホーントゥイーター×2による高域の4ウエイマルチアンプシステムで，超高域再生用にGEMのリボントゥイーターTS-208を2405と並列接続している．

各ユニット間はトリノフ・オーディオ製デジタルプロセッサーALTITUDE 32で帯域分割，振動板位置補正，群遅延特性補正などを処理し，その巨体にもかかわらず，まとまりのよい音像定位，空間表現を実現していた．

## インフラソニックスピーカー導入

建物の設計が佳境に入ったと思われる時期に，編集子が気になる珍品スピーカーシステムが売りに出される話があり，自分では費用と自室床面積の問題で導入できないため，知人でそれを活用できる人がいないか物色していた．

1年前に聴いたFUJIYAMAは低域の補強にア

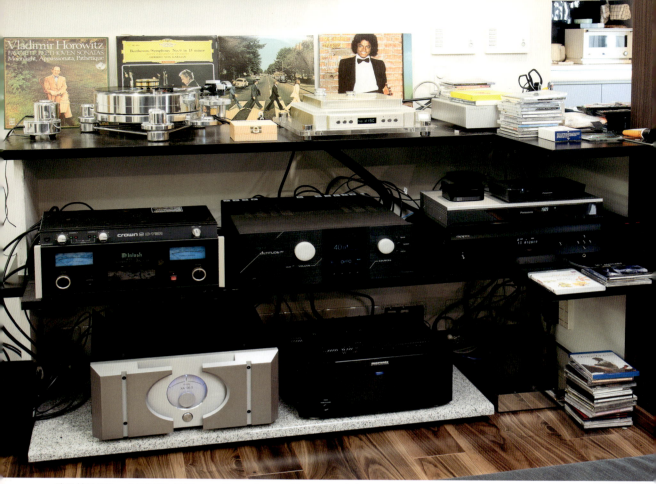

造り付けのラックの上段にはアコースティックソリッドのアナログプレーヤー Solid Machine と，ザンデンの CD トランスポート Model 2000 Premium．中段の中央がトリノフの ALTITUDE 32，右がオッポのブルーレイプレーヤー UDP-205．下段左が RIS-1 ドライブ用パワーアンプのパス・ラボラトリーズ XA100.5

クティブ型の小さなサブウーファーを追加していて，見た目にアンバランスを感じていた．そこへもしそのシステムが入るなら，音も見た目も素晴らしいものになるだろうと勝手に思っていた．

それは 1989 年，火山噴火をイメージした山本寛斎プロデュースのファッションショー「KANSAI HUMAN VOLCANO」において，9Hz からの超低域再生を提案・採用された超低域用スピーカーシステム，「インフラソニックモニター」レイオーディオ RIS-1 であった．

ファッションショーにはレイオーディオのコンサート用スピーカーシステムが採用され，その効果もさることながら，自然界に存在する超低域を再現することが，オーディオ再生に自然さと感動をもたらすことが実証された世界初の事例でもあった．

レイオーディオは RIS-1 の超低域再生に新たな価値を見出し，その可聴帯域外再生レンジを「インフラソニック」と呼んだ．しかし RIS-1 はエンクロージャーのサイズが各辺 1m 超で，重量は 300kg ほどもあり，運用は頻繁ではなかった．そのせいか，運用会社の倉庫に長く保管されていたのだ．

この貴重なシステムが手に入る機会は二度と来ないであろうから，さっそく迷惑を承知で山崎氏とダブルウーファーズ会長の永瀬宗重氏（p104〜109）に連絡し，どちらか導入なさらないかを打診したのだ．山崎氏はちょうど FUJIYAMA の配置を検討しているところで，部屋の構造を一部変更すれば RIS-1 を 1 本だけ使用する 3D システムとして置くことができると直感し，しばらく思案ののち導入を決意したのだった．個人で RIS-1 の導入は世界初かもしれない．

RIS-1 は，内容積 1000 リットルほどのアピトン合板製巨大エンクロージャーに TAD の 16 インチウーファー TL-1601a を 4 本並列で搭載し，長大なバスレフポートを備えたシステムで，9Hz から再生できる．コンサート機材のため外装は黒い FRP

FUJIYAMAはバスレフポートを塞いで密閉型に改造し，白く塗装し直した．中域の構成は以前と同じ．中高域パワーアンプはマークレビンソン No.434L，高域はトライゴン TRE-50M

仕上げで，永瀬氏は難色を示したが，山崎氏はFUJIYAMAをヨット職人に製作を依頼した経緯もあり，スパルタンな外観を気にすることはなかった．

　FUJIYAMAは白く塗装し直し，バスレフポートを塞いで密閉型となった．これはプリアンプを兼ねたトリノフのデジタルプロセッサーで特性を調整するにあたって，共振峰が減るメリットがある．RIS-1は専用のアナログプロセッサーでクロスオーバーする機器だが，その機能をもトリノフに任せようとの計画だ．

　建物が完成して，いよいよFUJIYAMAとRIS-1の搬入となり，クレーン車をレンタルして行われた．2本のFUJIYAMAの間にはウーファーと

2018年1月のFUJIYAMAお別れ会の状態．ここから基本構成は変更されていない

中域ドライバー用のマークレビンソン製パワーアンプを3台山積みし，RIS-1は右袖に置かれた．FUJIYAMAとRIS-1のクロスオーバー周波数は

RIS-1のウーファーは超低域が大振幅で入力された際の非直線性を打ち消すため，4本のうち2本が裏返しに取り付けられている

上段は中域ドライバー用パワーアンプ，マークレビンソンNo.334L，下段はウーファー4本をドライブするマークレビンソンNo.33HL

FUJIYAMAの間にRIS-1を移動することになった．当初トリノフの調整は輸入代理店の担当者が来訪して行われ，やや困難をともなったそうだが，中央にRIS-1を移動したら容易に調整が完了したという．そしてクラシック向けとロック向けの2パターンの調整をトリノフにプリセットした．

## 音楽を純粋に楽しむ音を獲得

　自然光がたっぷり入る新リスニングルームは建物の2階にあり，部屋から続くベランダに出れば相模湾を一望できる絶景が得られる．広さはおよそ28畳，奥にはダイニングキッチンもつながっている．部屋の前方は傾斜天井で，最も高いところで5m近い天井高があるそうだ．リスニングポジションは天井高2.6mで，マルチチャンネル再生用の小型スピーカーが多数吊り下げられている．

　建物は鉄骨＋プレキャストコンクリート構造で，リスニングルーム床と壁には鉛入り防音シートを貼り，防音・防振に配慮している．

　撮影が終わり，新たに導入したイームズラウンジチェアに座った山崎氏は，ソフトをどんどん再生していく．低域がいかにも出ているという調整ではなく，オールホーンスピーカーFUJIYAMAと中央のRIS-1の外観から受ける厳しい印象とはまったく異なり，ナチュラルで大音量でもうるさくならな

中域ドライバーと高域ドライバーは同じ2450J，高域は2405ダブルとTS-208を並列接続

試行錯誤の末60Hzとし，しばらくはこの状態で超低域からの音楽再生を楽しんでいた山崎氏であったが，周囲からのアドバイスもあって，2本の

リスニングポジションで音楽を愉しむ山崎氏．後壁は前壁と同じ石材仕上げで，天井は音の拡散とマルチ音声スピーカー取り付けのために板材を配している．後方にある暖房用の薪ストーブも自慢の一品

い．スムースでどんなソースもこなしてしまう印象だ．そして「ここぞ」というときには風のように軽い超低域が押し寄せてくる．

　取材当日はダブルウーファーズの永瀬氏も来訪され，「前の音もよかったけれど，自分のほうがよい音だと思っていた」，「今度は素晴らしくよくなった」，「よくなったのはサブウーファーだけが理由じゃないね」，「参った」などと本音を漏らした．

　新FUJIYAMAは，新しい部屋とRIS-1の追加以外に，ソース機器からパワーアンプまで旧FUJIYAMAと変更点はほとんどない．スピーカーケーブルは単芯のものに替えたというが，それまでの「オーディオマニアの音」から「音楽を純粋に楽しむ音」に生まれ変わったように感じられた．オーディオマニアのなかには変化を求めるかたが多いが，変化そのものが目的となり，音楽を楽しめない状況にあっては本末転倒だ．

左壁面の窓からは伊豆半島方面が一望でき，初島，大島，八丈島も見える．自然光がたっぷり入る素晴らしい環境

　オーディオマニアも音楽ファンも音楽を第一に楽しめるサウンドを，山崎氏は獲得したに違いない．もちろん編集子も羨ましくて仕方がない．

# ベンディングウエーブ方式超大型スピーカーのあるリスニングルーム

MJ誌読者には自作オーディオファンが多いが,製品を買って,使いこなしに心を砕いている方も多い.今回はおそらく日本に1セットしかないであろう珍しいスピーカーシステムを導入,苦労の末すばらしい鳴りっぷりを手に入れたオーディオファンのお部屋を訪問した.セットするには広大なスペースを要求するそのスピーカーは,独特のリアルな音場再生をわれわれに披露してくれた.　　　　　　　　　　（MJ編集部）

| 埼玉県川越市 |
| --- |
| 小原康史氏 OHARA Kouzi |

## 日本に1セットの巨大スピーカー

　ある日，ログオーディオの坂本通夫さんから電話があり，「すごいスピーカーをお持ちの方が川越におられ，セッティングを手伝うので見に行きませんか」とのお誘いを受けた．その後も「金無垢の筐体のスピーカーとアンプを準備している」などと刺激的なことも言われ，相変わらず精力的にオーディオコンサルタントや開発を行っておられるなぁと感心した次第．

　そこで今回は坂本さんとの懸案事項である川越の「すごいスピーカー」のあるお部屋を取材することにした．事前に見せていただいていた写真に写っていたのは，タイムロードが中目黒にあったころ試聴室に案内されて，同社の黒木弘子さんから見せていただいた巨大スピーカー，ジャーマン・フィジクス「ザ・ガウディ」であった．

　このシステムは，ジャーマン・フィジクスを特徴づける無指向性DDDユニットを4本上下に取り付けた円柱が，4本の12インチウーファーと8本の6インチミッドバスを収めた本体エンクロージャーから突き出し，その前後位置をリモコンで操作することのできる巨大なもので，現在もMK2化され販売されている．

　「ザ・ガウディ」は日本に何セットもないはずと思っていたら，現オーナーの小原氏は，秋葉原のオーディオ専門店でもその巨大さゆえに持て余していたものを手に入れたそうで，おそらく正規輸入された「ザ・ガウディ」はこの1セットだけであろうとのことだった．

## 学生時代にバンドで活躍

　小原氏は幼少のころから音楽に親しむ環境にあり，ラジオから流れるポピュラー音楽に魅かれ，高校と大学ではバンド活動を行い，大学のときに結成したザ・ベンチャーズのコピーバンド「ザ・シェイカーズ」はサンケイホールを貸し切ってのダンスパーティーに出演したり，ザ・タイガースの前座をつとめたりもした．また大学講堂のこけら落としにも駆

広さ約50畳，天井高約4mと広大なリスニングルーム．音楽は中央の茶色い椅子で聴き，映像を楽しむときは右の椅子に移動する．ギターアンプとドラムセットは学生時代以来のバンド活動のもの．カーテンの後ろには業務用機器が収められている

り出され，大学内外で大活躍していた．小原氏はエレキベース担当で，今でも当時の仲間と会って演奏を楽しむことがあるそうだ．ザ・ベンチャーズのレコードはすべて揃え，耳でコピーしていたとのこと．

テレビ番組のオーディションやメーカー主催のバンド合戦では，毎回プロ級のバンドが参加する出来レースが多かったとのことで，番組出演にはなかなかたどり着かなかったという．ホテルのラウンジやクラブでの演奏もあったが，プロの歌手のバックをつとめたときは，その腕前に歌手から苦情が出たそうだが，「自分たちはプロではないから」という理由で，許してもらったそうだ．それでも一晩で3万円のギャラをもらえた佳き時代であったと，小原氏は当時を懐かしむ．

## スピーカーに相応のアンプ群を揃える

取材に訪れて部屋に入ったとき，結構な音量で北島三郎が流れていた．部屋は50畳はあろうかという広さと4mあまりの天井高があり，中央で小原氏がリモコンを片手にオーディオ機器を操作していた．不意に音楽が停まり，振り返ると部屋の左側に

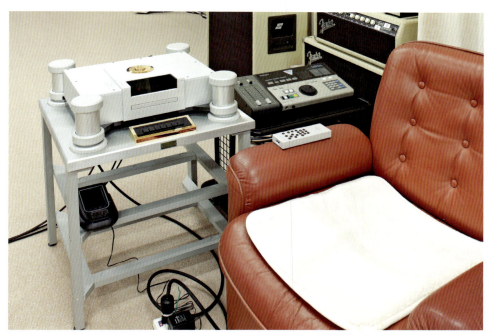

リスニングポジションにあるマルチディスクプレーヤー．プリアンプはここからリモコンで操作する

バンド活動をしていたときに使用していたエレキギターとベース．フェンダー，ギブソン，モズライトのほか，機材庫にはリッケンバッカー，ヘフナーなどもあった

「ザ・ガウディ」が聳え立っていた．

2本の「ザ・ガウディ」の間にはエクスクルーシヴ2401twinダブルウーファーシステムとアンプラックがあり，部屋の広さゆえにそれらの大きさをあまり感じさせない．部屋の奥に目をやれば，ソニーミュージックが作ったダブルウーファーシステムの上にJBLのダブルウーファーシステムDD66000が載せられている．隣の機材室には数多くのビデオ機器と遊休オーディオ機器が収納され，奥のブースにはソニーのデジタルミキシングコンソールとDASHフォーマットの24chデジタルレコーダーが隠されていた．ソニーの機材群は坂本氏が持ち込んだに違いない．

坂本氏と小原氏の関係は，小原氏のバンドの裏方を務めた目崎和正氏が，ソニーの業務用映像・音響制作システムに携わっていて，ソニーミュージックに在籍していたとき以来，坂本氏と師弟関係にあるというから奇遇としかいいようがない．

小原氏は現在70歳を迎え，ホーンを使用したダブルウーファーシステムの分厚く熱いサウンドよりも，ヴォーカルの自然な「ザ・ガウディ」に惹かれているという．導入直後は音がまとまらず悩む日々が続いたそうだが，アンプなどの機器のグレードアップとセッティングの変更で，現在ではかなり満足のいく状態になったとのこと．

ラックを見ると，プリアンプはゴールドムンド

中央にプリアンプ，D/Aコンバーター，チャンネルフィルターのラック，その左右にパワーアンプを3台ずつ収納．これだけで相当な重量になっているはず

エクスクルーシヴ2401twinはFMアコースティックとクレルのパワーアンプでバイアンプ駆動

高さ2mほどの「ザ・ガウディ」．本体エンクロージャーから前側に突き出した円柱の上下に，DDDユニットを2本ずつ，合計4本をマウント．円柱部分はリモコン操作で前後に移動できる．DDDユニットの振動板はチタン箔

青いカーテンを開くと150インチのスクリーンがあり，天井のプロジェクターから映す映像を楽しむことができる．

ソニーミュージックのダブルウーファーモニタースピーカーの上にJBLエベレストを重ね置き

MIMESIS 24，D/AコンバーターはCHプレシジョンD1，「ザ・ガウディ」専用3ウエイチャンネルデバイダーがあり，パワーアンプはゴールドムンドTELOS 2500が6台と超ド級．ディスクプレーヤーはSACD，DVD，CDが再生でき，映像出力も可能なゴールドムンドEIDOS REFERENCEで，リスニングポジションに置いて，アナログ出力とデジタル出力をアンプラックまで伸ばしている．リスニングポジションからすべての機器をリモコンで操作することができるため，このような構成になっているそうだ．

## 自ら設計したリスニングルーム

この部屋のある建物は，小原氏が構造と設計寸法を決めたもので，強度計算はプロの建築設計士に依頼したという．そのためプロの設計士が考える常識的な寸法取りではなく，建築材料の寸法に由来する制約を排した自由なものとなっている．建物躯体は鉄筋コンクリート造りで，地下の岩盤まで杭を打っているため強固，防音は徹底しているわけではないが，空調の騒音には充分配慮しているという．好きな時間に好きな音量で好きな音楽を楽しむことのできる，オーディオファン垂涎のスペースと言えよう．

[コラム]

### 室内音響を調整する資材1
# アコースティックリヴァイブの音場調整パネル

部屋の構造体に改造を加えないまま，良好な音響特性を得ようとする場合に有用なのが，音場調整パネルである．スピーカーから出る音の吸音と反射，拡散を狙って使用されるもので，サイズ，素材，構造は多様である．例として，アコースティックリヴァイブの製品を紹介する．

WS-1

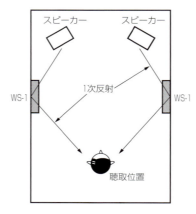

WS-1 の使用例図

### WS-1
スピーカーシステムとリスナーの間に壁や天井の反射で発生する一次反射音を抑制するのに有用な製品．内部は広い帯域にわたって均一な吸音力を有し，表面には固有音の発生しないシルク素材を使用している．軽量なので，裏面に縫い付けられたマジックテープを利用して，壁面への取り付けも容易．

寸法・重量：
290W×290D×32Hmm・180g

RWL-3

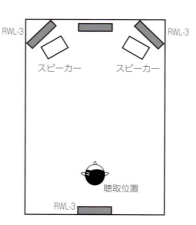

RWL-3 の使用例図

### RWL-3
コンピューター解析と聴感で追求した，深さの異なる縦溝を配置した拡散・調音パネル．表面にトルマリン含有のシルク素材，内部にトルマリン含有発泡樹脂による縦溝を持ったパネルがあり，不要反射による混変調歪みを起こさない湾曲構造によって正面や側方からの音を拡散させる．不要反射音やフラッターエコー，定在波の解消に有用で，吸音をしないため，音楽の勢いを削ぐことがない．自立用台座および壁掛け用金具も付属する．

寸法・重量：
665W×90D×1160Hmm・2.6kg

［参考資料］関口機械販売のホームページ

# オーディオメーカーのリスニングルーム

製品開発で音決めを行うためのリスニングルーム．
小規模メーカーでは製作ベンチが隣接することも多い．

テクニカルブレーン

マックトン

オーディオデザイン

ビージェーエレクトリック

協同電子エンジニアリング

ソウルノート

スフォルツァート

# フルレンジリボンスピーカーのある
# リスニングルーム

　黒澤氏の主宰するテクニカルブレーンは,オーディオ機器メンテナンス,中古機器販売,自社製品の開発と販売を行う異色のブランドで,オーディオ知識と人材交流の広さは刮目すべきものがある.かつてはお茶の水にあったが,今は川越の自宅に隣接して店舗を構えている.それでは室内にご案内しよう.　　　　　　　　　　　　　　　　　　　　　　　（MJ 編集部）

各種測定器を完備した別棟のメンテナンスルーム．左のベンチではアンプのメンテナンス作業中，右ではTBシリーズアンプの基板を作成していた．右端に半導体の厳密なペア取りを行うカーブトレーサーが見える

シャシーやノブなどの試作に使用する，フライス盤や旋盤などの工作機械も完備

内外オーディオ機器に精通し，客観的データの追求を怠らない黒澤直登氏

太い丸太を組んだログハウスのテクニカルブレーン建物．左は喫茶スペースで，右が試聴室．メンテナンスルームは右奥の別棟にある

埼玉県川越市　テクニカルブレーン
**黒澤直登氏** KUROSAWA Naoto

## オーディオ機器メンテナンスのプロ

　テクニカルブレーンの黒澤直登氏といえば，キャリアの長いファンなら，神田淡路町にあったオーディオ機器メンテナンスのショップを思い起こすに違いない．そのメンテナンス費用は高額だが，それに見合う満足度の高い作業を行うことで，信頼を寄せるのはオーディオファンだけではなく，オーディオ専門店も顧客である．MJ誌でもオーディオ機器測定協力など，浅からぬ関係を持ってきた．
　1979年の設立から17年後の1995年，川越にログハウスを建築，オーディオショップ「カナン」を開設して，コーヒーも楽しめるオーディオサロンが

広さ約32畳，天井の最も高いところで7m以上と大きなエアボリュームを持つ試聴室は，太さ40cmほどの丸太で組まれたログハウス．前面道路からの騒音はほとんど侵入してこない

完成した．お茶の水でもオーディオ機器販売が行われていたが，充分な試聴環境ではなかったため，川越では32畳相当の試聴スペースを設け，主宰の黒澤直登氏が実力を認めた機器だけを厳選，メンテナンスを施したうえで販売している．

2000年には本社を川越に移転し，テクニカルブレーンの製品として初めてパワーアンプを発表した．その後もコントロールアンプ，フォノEQアンプ，MC昇圧トランス，プリメインアンプを発表し，ラインアップを充実させている．

黒澤氏は高校生のころからYL音響の製品を使うほどのオーディオファンで，大学卒業後も家業に就かずオーディオの道へと進んだ．秋葉原のキムラ無線に就職し，新橋にあったYL音響と，雑司が谷にあったスタックス工業に出入りすることで，スピーカーとアンプの技術を蓄え，DCアンプを初めて製品化した大阪のA&Eテクニカルリサーチとも深い交流を持っていた．DCアンプはスタックス工業でも作られ，またMJ誌では金田明彦氏が独自に研究を進めていたが，いずれも差動2段アンプを基本

左は完全バランス入出力・CRタイプ無帰還完全DC伝送フォノEQアンプのTEQ-Zero、中央は完全バランス入出力・無帰還完全DC伝送プリアンプTBC-Zero/EX、右はプリメインアンプTB-Zero/intの試作品

左右は完全バランス入出力・無帰還完全DC伝送・エミッター抵抗レス・モノーラルパワーアンプTBP-Zero/EX、中央はプリメインアンプTB-Zero/intの試作品

回路としてきたのは興味深い事実だ．

半導体アンプだけではなく真空管アンプにも明るい黒澤氏は，名機と呼ばれるアンプの動作解析，問題点を洗い出し，メンテナンスに役立てている．

## メンテナンスで得たノウハウを自社製品開発に活かす

テクニカルブレーンの特色に，豊富な測定器群がある．アンプのメンテナンスには，その振る舞いを客観的に観察する必要があり，入力された信号がどのように変化するか，雑音の成分はどうか，などを見極めることによりトラブルの原因を分析している．音はよいけれどしょっちゅう故障することで有名な海外製品アンプなどの回路解析で得たノウハウは膨大で，アンプの増幅作用と発振の観測，混変調歪みの発生メカニズム，高周波がアンプ回路に注入されたときの振る舞いなどを研究してきた．

AC電源に対しては電研精機のノイズカットトランスとノイズカットAVRを活用し，大地アースを取ることなくノイズ混入のない環境を実現している．これはアンプの測定時に，雑音がアンプ本体から発生しているのか，外からのものかを見極めるために電源環境を整えることから始まったものだが，音楽再生にも有用なことがわかり，テクニカルブレーン設立当初から使用している．

主に使用しているスピーカーシステムは，高さ2mあまりのフルレンジリボン型，オリジナルアポジー（右）と，テクニクスのSB-M10000（左），いずれも鳴らしにくいスピーカーの代表を使用しているところに，黒澤氏の自信のほどがうかがえる．アポジーはわずかに前傾して設置している

　テクニカルブレーンのオリジナル商品は，古くは玉川機械金属の超塑性亜鉛合金SPZを使用したターンテーブルシートがあり，LPレコードの形状にフィットすることで盤の振動を抑え，純粋なオーディオ再生に寄与するものであった．また，音質を追求するあまり保護回路が充分ではなかった一部の海外製アンプを安心して使用するための，独立したプロテクターも開発した．

　アナログプレーヤーのメンテナンスも得意とし，EMT927が数台並んでいることもあった．

　アンプのメンテナンスでさまざまなノウハウを身に付けた黒澤氏は，満を持して自社ブランドのモノーラルパワーアンプTBP-Zeroを2005年に発表する．これは半導体SEPP出力段につきもののエミッター抵抗を排除し，混変調歪みを起こさない安定した回路と振動対策を徹底した完全DCアンプで，国内はもとより海外でも話題となった．その後，前述のようにTBP-Zeroの要素技術を応用してラインアップを拡充している．

　テクニカルブレーンの試聴室に並ぶスピーカーには共通したポイントがある．それは位相の揃ったスピーカーということで，テクニクスSB-M10000，オールリボンのアポジー，平面駆動のマグネパンなどである．テクニクスは決して人気製品とはならなかったものだが，その素性のよさを黒澤氏が見抜き，平面スピーカーは，かつてA&Eテクニカルリサーチのウーファーとミッドレンジを試聴室に入れていた実績もあり，黒澤氏にとって当たり前のものなのだろう．

　アポジーはインピーダンスが低くアンプに大きな電流供給能力を要求するが，パワーアンプTBP-Zeroはこれらの鳴らしにくいスピーカーを手なず

テーブル上右はソース機器で，CDプレーヤーはオルフェウスの製品を使用．手前のタブレット端末はパソコンオーディオのリモコンとして機能．左奥に見えるのは生録用のアイワ製リボンマイク．左手前のカメラは黒澤氏のハッセルブラッド

左は今後販売予定でメンテナンス前のEMT927とテレフンケンV69のセット，右はデンオンの放送局用プレーヤー

けるために開発されたのかもしれない．

## 生演奏を通してオーディオ機器を研鑽

　テクニカルブレーンでは，音楽家の生演奏を録音し，その再生音を検討することでオーディオ機器を研鑽しており，これまでにファンを集めたコンサート兼生録会を何度も開催してきている．試聴スペースは前述のように小編成の演奏には充分な広さがあり，さらに10名程度の参加者であれば対応可能だ．参加者は機材を持ち込んで自由に録音することができるので，『MJ無線と実験』でも引き続き取材を検討している．

# 研究開発と試作・製造が一体化した
# オーディオメーカーの試聴室

オーディオアンプの特性を高めて音質向上の手段とすることは，オーディオのアプローチとしてよく見られるが，大藤氏が2004年に起業したオーディオデザインでは，アンプ回路のどのようなファクターが音質に影響を与えているのかを追求している．そのような製品はどういった環境で開発されているのかと興味を持ち，取材を行った．そこには研究開発と試作・製造が一体となった，羨ましい環境が整っていた． （MJ編集部）

**東京都品川区**
**大藤 武氏** OFUJI Takeshi

## 起業前のオーディオとの関わり

　小学生のころ,『子供の科学』収録のゲルマニウムラジオのキットで興味を持ち,秋葉原に通っているうちに自然とオーディオにはまりました.中学生のときにお年玉でトリオのオシロスコープを買い,マランツ #7 プリアンプのコピーを作ったほどの凝りようでした.作り方の解説本が書店にあって,部品も秋葉原で揃うという,秋葉原がまぶしい時代でした.
　大学時代もアルバイト代をほぼオーディオにつぎ込み,最終的にスピーカーはソニー SS-G7,CD プレーヤーはソニー CDP-555ESD,アンプはオンキョーのインテグラと自作アンプ,レコードプレーヤーはパイオニアの PL-L1,カートリッジは DL-103,MC-20W だったと思います.社会人になると忙しくなったせいもあり,その後 20 年くらいはずっとオーディオから遠ざかっていました.
　当社の製品は値付けがおかしい(安すぎる)とよく言われますが,一番お金のない学生時代にオーディオに凝っていたせいかもしれません.

## 起業のきっかけ

　半導体の会社に就職し,以来ずっと IC の製造技術の開発に従事しました.アンプの設計・製作の知識などはもっぱら趣味で覚えましたので,その点は『MJ 無線と実験』読者の皆さんと同じです.
　開発とはいえ,同じ業務を 20 年続けましたし,一人でできるほかの仕事もしてみたいとかねてから考えていたこともあり,11 年前にオーディオデザインを立ち上げました.ちょうどその少し前から,当時購入した DSP 付きの安い AV アンプの音があまりにひどく,いろいろと調べ始めたこともきっかけでした.

## オーディオデザインのビジョン

　「もっと魅力を伝えて,もう一度オーディオの活気を取り戻したい」といつも考えています.オーディオ市場はイヤフォン・ヘッドフォンなど一部を除

半導体メーカー勤務を辞して,オーディオアンプメーカーを起業した大藤氏

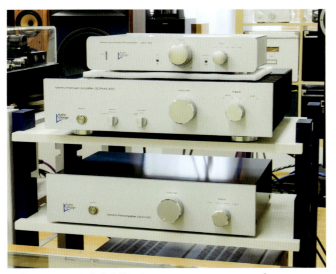

上段はバランス入出力を備えたラインコントロールアンプDCP-210,その下は初のプリメインアンプDCPMA-100,下段はラインコントロールアンプDCP-110.いずれもフラットアンプで増幅したあとにボリュームを配置する構成

下から，D/AコンバーターDAC-FA0,ラインコントロールアンプの旧モデルDCP-F105,ヘッドフォンアンプDCHP-100.

パワーアンプは2階建てのシャシー構造を持ち，下側に電源部，上側にアンプ部を配置．左は8Ω負荷80W×2のDCPW-100,右は8Ω負荷150W×2のDCPW-200

けば残念ながら縮小しています．それが時代の流れという見方もできますが，今はいい音，凄い音を体験する機会がないので，それ以上にハマる人が少ないのだと考えています．著作権の縛りで，街から音楽が消えてしまったことも大きいでしょう．

当社はイヤフォン・ヘッドフォンアンプも手がけていて，よく展示会で若いお客様と話をするのですが，スピーカーに興味がないわけではなく，部屋で大きな音を出せないからと遠慮されていることが多いようです．このような予備軍の方（私にはそう見えます）にも，やがてはスピーカーオーディオの仲間になってもらい，そしてオーディオ界にもう一度あの輝きを，と考えています．

## 製品コンセプト

「こういう音を目指して製品を作りました」というのが一般的ですが，当社の場合，目指す音が決まっているというよりも，もっとよくしたらどんな音になるだろう？ という未知の世界への好奇心です．

オーディオの空白期間が長かったこともあり，起業当初は歪率，S/N，周波数特性などの基本特性を磨き上げることに注力しました．そうして出来上がったのがプリアンプDCP-F105,パワーアンプDCPW-100です．各項目で特性が10倍よくなると音が少しよくなるという感触でしたが，お客様には

スピーカーシステムはディナウディオConfidenceC4とJBL4429で，キャラクターの異なる2種類を備えている

オーディオアナライザー，スペクトルアナライザー，オシロスコープなどを備えたテストベンチ

フライス盤はNC制御部を自作したもの．試作品段階の部材加工に使用している

それ以上のよさを感じていただき，支持していただいているように思います．

現在は，これまでお客様からフィードバックをいただいたり，さまざまな経験を積んだりした中で，音質の向上に効く新たな要素をいくつか発見し，いっそうの進歩を目指しています．

## 機器との相性とセッティング

オーディオデザインのアンプはソフトの録音の良否がはっきり出ます．またオーケストラのような大編成の曲では楽器の分離がよく，音が団子になって濁らないのも特徴です．音の立ち上がりが速く，細かい音も恐ろしくよく聴こえます．また低音はどのアンプよりも締まって聴こえるでしょう．逆に低音の量感が元々少なく感じる再生系には合わないかもしれません．

また，当社のアンプは，まるでそこで生演奏しているかのようなリアルな音ですので，至近距離で聴く方は合わないかもしれません．部屋は長辺方向に使って最低でも2m以上離れて欲しいと思います．

さらに，一般に駆動が難しいとされているスピーカーのほうが，当社のアンプは（他のアンプとの差がつきやすいからか）より実力を発揮するようです．

また，ケーブルなどのアクセサリー類はあまり癖

ラックはアンプ類の交換，接続替えに便利なように，リスニングポイント前側に配置．側壁やソファ後方には，自作の音調パネルを配置している

のないもののほうがよいでしょう．アンプ自体の情報量が多いので，きらびやかな傾向のケーブルでは音がくどくなってしまうかもしれません．おとなしいアンプを使用していて，アクセサリーやセッティングでちょうどよくしている場合は注意が必要です．

## 現在の機材

現在使用している機材は起業前からのものもありますが，会社を始めてからポツポツ揃えたものが主です．CDプレーヤーはデノン DCD-SA1，レコードプレーヤーはパイオニア PL-L1 で，カートリッジにはオルトフォン MC-30W（MC）とオーディオテクニカ AT-15Ea/G（MM）です．

スピーカーは JBL の 4429 とディナウディオの Confidence C4 を使用しています．アンプを購入されたお客様の反響が，JBL ですこぶるよかったので実際どんなものかと購入しました．4429 は新品のときは選挙カーのようなひどい音で心配しましたが，1年くらいガンガン鳴らすと俄然よさを発揮します．ホーン臭さはまったくなく，水平指向性で部屋の影響を受けにくいためか，どこへ持って行っても同じような音を出します．特筆すべきはウーファーの鳴りっぷりで，まるで完璧なフルレンジスピーカーのように（帯域的にはハーフレンジですが）ブルンブルン気持ちよく鳴ります．最近は正確無比な低音を出すスピーカーは多くなりましたが，こういう鳴りっぷりのよいスピーカーは少ないのではないでしょうか？

ディナウディオの C4，これはやはり凄いスピーカーです．自室で聴くだけなら C1 でいいのですが，展示会など広い会場で大音量のデモをする場合もあるので，C4 を選択しました．低音はダンピングが効いていながらも重厚な音で独特，中高音は非常に繊細で，かつ奥行きのある音をはっきりと聴かせます．同シリーズの C1，C2 と比較して低域の量感が多く，最低域もより伸びています．

スピーカーケーブルはワイヤーワールドの Equinox7 と Oasis7 という製品です．より上位のものも聴きましたが，こちらのほうは逆に艶が乗りす

ぎる感じで，当社のアンプには逆にこのクラスのほうが合っています。

ワイヤーワールドのケーブルは中高音の雑味というか変な癖がなく（このケーブルにして初めてそれがわかる），お薦めできます。

ケーブルやスピーカーもそうですが，最近購入する機材は，自社が出展した試聴会などで聴いた他社のものを気に入って，というケースが多いです。

PL-L1，これはリニアトラッキングアームの付いたレコードプレーヤーです．学生時代に中古でやっとこさ購入したもので，メカに惚れ込んで購入した機器です．とはいえ長い間押入れで冬眠していたので真新しい状態です．

アンプの開発作業ではB&WのCDM7NTを作業場に持ち込んで使用しています．中高音が目立つスピーカーなので，小変更した際の変化が聴き取りやすく，また部品を頻繁に変更したり，仮配線でテストしたりするには，比較的安価なスピーカーが役に立ちます．

## リスニングルーム

2階のテナント物件を借りてパーティションで仕切り，半分を工房兼事務所，もう半分を試聴スペースとしています．試聴スペースの大きさは約18畳で，床はPタイルです．右の仕切り壁はポリカーボネート製の透明中空板で，音響的にはよくありません．

試聴スペースでは機器の試聴テストはもちろん，来客時の応対にも使用するので採光も必要です．壁などもリスニングルーム用に特に改造などはしていません．少しはリスニングルームとして整えたいと，とりあえず吸音パネルなどを作り始めたところです．

リスニングルームとしては不完全な環境ですが，逆にこの環境でいい音が出れば，それはまぎれもなくアンプのおかげとアピールできるので，これはこれでいいかと思っています．

## スピーカーのセッティングなど

スピーカーの後ろは通路でもあり，やや大きくあけて後ろの窓まで1.5mあります．試聴位置は反対側のほぼ壁の位置です．本来は試聴位置の後ろにも距離があるほうが好ましいでしょう．C4はわざと

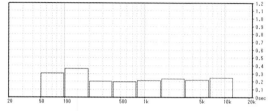

リスニングルームの残響特性

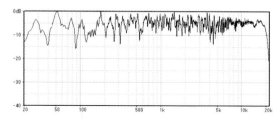

ディナウディオ Confidence C4 左チャンネルの，軸上 1m での周波数特性

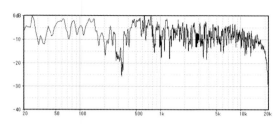

ディナウディオ Confidence C4 左チャンネルの，試聴位置付近での周波数特性

ユニットの中心位置が高く設計されているので，少し上から音が聴こえます．本来はもっと大きな部屋で聴くスピーカーなのでしょう．

パワーアンプはスピーカーのすぐ前に置き，プリアンプとCDプレーヤー類は試聴位置とスピーカーの間に置いています．出荷前のアンプテストなど接続変更を頻繁にするため，アンプのリアパネル側を空ける必要があるので必然的にこうなってしまいます．

スピーカー配置では，こうすればもっとよくなるのでは？　というアイデアもあるのですが，あまり特殊な設定ですと，アンプメーカーの環境としては好ましくありません．

自分で時折部屋の音響特性を調べていますが，残響時間は約0.2秒で低域のみ少し長くなっています．周波数特性は軸上1mではC4は見事にフラットな特性で，試聴位置付近では多少乱れていますが，許容範囲内でしょう．

リスニングルームとしては平凡なものですが，当社の考え方，使用装置，試聴環境なども含めて，ご理解をいただければ幸いです．

# アナログを追求する
# フェーズメーションの新試聴室

オーディオメーカーの試聴室は，ユーザーがほとんど接することのできない「企業秘密」が多いが，フェーズメーションの試聴室はMJで取材するのが2度目であり，その規模と内容を記事で公開している．今回は2015年11月末に完成した新試聴室を訪問し，その偉容を確認できた．石井伸一郎氏が設計し，地元の企業が施工した「共同作品」であり，今後の同社製品の完成度を左右する重要な「測定器」である．　　　（MJ編集部）

神奈川県横浜市
## 協同電子エンジニアリング株式会社

## オーディオメーカーの威信をかけた本格的試聴室

　フェーズメーションのブランド名で知られる協同電子エンジニアリングは，横浜・池辺町の本社にオーディオ試聴室を構えていたが，川崎・中野島の事業所にもオーディオ部門があって，それらを統合すべく，横浜・新羽に新たな拠点を設け，2015年11月に試聴室が新規に建築された．

　今回は，この新試聴室の特徴とサウンドを体験すべく，カメラマンとともに訪問した．当日はたまたま追加工事の相談に施工業者が訪れており，詳しい話を聞くこともできた．

　事業所の移転が決まって2015年6月に物件を購入，8月に石井伸一郎氏および施工業者と打ち合わせ，11月末に完成とスピーディーにことが運んだが，ここに至るまでは紆余曲折があった．

　物件は元工場で，巨大な天井クレーンがそのまま残る建物の1階および2階を使用して試聴室を建築している．当初，大小2室の案も出たが，マルチユースとしては大きな部屋のほうがよいとの意見で，これまでにないサイズのものとなった．

　設計は前述のように，これまでフェーズメーションの試聴室と，鈴木信行会長の自宅リスニングルームで実績のある石井氏で，長さ8m，幅6.8m，高さ5.44mと巨大なものとなった．これは石井式リスニングルームの理想寸法比を建物の高さに当てはめたもので，吸音壁構造は最新の研究成果が応用されたものを採用している．設計には1か月を費やし，内装の吸音壁ができた段階で石井氏による中間検査が行われる予定であったが，石井氏が体調不良となってしまい，そのまま工事を進めざるを得なかった．

　施工は，前述の2室で実績のある，新羽事業所近くに事務所を構える夢工房だいあん株式会社で，板井啓取締役と，中牟田博紀課長からお話をうかがうことができた．

　試聴室は建物のなかに新たに部屋を作る構造で，木軸組みの外側にコンパネと石膏ボードを貼って遮音し，その内側に厚さ120mmの吸音壁を作って

試聴室入り口近くにタオック製ラックを置き,ソース系機器とイコライザー,プリアンプなどを設置.デジタル音源にも対応している.ラック背面は人が楽に通れるほどのスペースを設けている

パワーアンプはスピーカー側に設置.845シングルのMA-1と,2A3-40シングルのMA-1000を揃え,それぞれオーディオボードを下に敷いている

いる.吸音壁の内側に二重に入れた50mm厚32kgグラスウールは,低域の充分な吸音に寄与している.2階のフロアからはその建て込みを見ることができ,石膏ボードの目地にコーキングを行って遮音性能をいっそう高めていることが確認できた.

壁面と天井は同じ構造で,表面材はシナ合板,汚れ防止にウッドワックスが塗られている.床は,建物本来の床の上にレベリングモルタルを施工して水平で平滑な床面を作り,その上にコンパネを貼って下地とし,カリンのフローリング材で仕上げている.このような構造の床では冬に寒くないのかと尋ねたところ,壁に吸音材が大量に使用されているので空調の効きがよく,保温時間も長いそうだ.

この試聴室は,イベント対応としてある程度の人数が収容できるように,当初縦長に使用する計画であったが,音質上の要因と,スピーカーシステムを複数セット配置する可能性もあって,結果的に横長に使用されている.フェーズメーションの開発部

右チャンネルスピーカー後面から聴取ポイントを見る．床には測定ポイントがマーキングされていて，聴取に最適な場所が選ばれている．右は開発部長の斉藤善和氏，左は事業責任者の八ッ橋雅晴氏

左はエアーフロートターンテーブル＋レコード盤吸着機構を持つテクダス AIR FORCE 1 にグランツのステンレス製トーンアームを取り付けたもの．右は寺垣Σ-5000からトーンアームを取り除き，フライス加工で天板を削り直し，ヴィヴラボラトリーのストレートアームを載せたもの

長である斉藤善和氏が，試聴室の完成以降，機器配置と聴取位置の検討を行い，現状でまずまずの結果が得られているとのことであった．

## 自社の真空管アンプがリファレンス

　機器は，アンプ類はすべてフェーズメーションの真空管式製品で，カートリッジに PP-2000，フォノイコライザーに EA-1000，コントロールアンプに CA-1000，パワーアンプは 845 を使用した MA-1 および，2A3-40 を使用した MA-1000 を揃えている．EA-1000 と CA-1000 には追加電源も奢られている．

　アナログプレーヤーは2台あり，1台は寺垣Σ-5000を改造してヴィヴラボラトリーのトーンア

元々工場だった建物の2階までを使用して試聴室を建築した．充分な広さと天井高がある

試聴室を構成する壁の基本軸組みは木製．この外側にコンパネと石膏ボードを貼って遮音壁とした

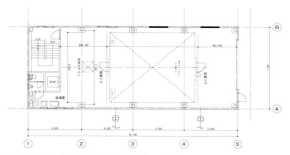

建物と試聴室の平面図．試聴室の前後にスペースを設けて，サービススペースと遮音に有効利用

流動性が高く硬化時間の短いレベリングモルタルを床に流して，水平で滑らかな下地を作り，その上にコンパネとカリン材フローリングを貼る

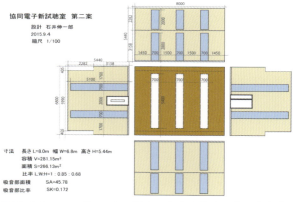

石井式リスニングルームの基本に忠実な壁と天井．室容積は281.15m³，表面積は266.13m²

ームを取り付けたもの，もう1台はテクダス AIR FORCE 1で，グランツのステンレス製トーンアームが取り付けられている．いずれも旧試聴室で使用されてきたもの．

スピーカーはJBL エヴェレスト DD66000 が旧試聴室から移設され，リファレンスとして使用されている．取材時にはB&Wの最新モデル802D3が持ち込まれており，一時的に試用されていた．

このほか，鈴木会長の私物システムも導入する準備が進められている．これは38cmシングルウーファーがベースで，ゴトウユニットのミッドレンジとトゥイーターを組み合わせた3ウエイシステムとのことで，マルチアンプ駆動するという．

## 試聴室の今後の展望

この試聴室はあくまでもオーディオメーカーの製品開発に必要な設備であるが，音楽を楽しめることも重要なポイントだ．つまらない音を聴いていては，オーディオファンや音楽ファンの心を掴む製品など追求できないからだ．当

天井高が大きいので,室内に足場を組んで内装作業を行う.大量のグラスウールが使用されている

完成した試聴室に機材をセット.当初は写真左側にスピーカーを置く予定であったが,音響と発展性を考慮して,写真のような配置となった

夢工房だいあん株式会社の板井啓氏(左)と中牟田博紀氏(右).中牟田氏は石井氏と連絡を取りながら施工を進めた

リファレンスのスピーカーは,旧試聴室で長く使用され同社製品の完成度を高めてきたJBL エヴェレスト DD66000.床から10cmほど高くセットされている.左は一時借用中のB&W 802D3

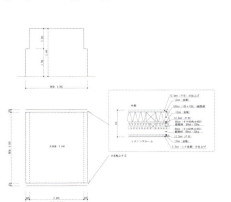
壁面の厚さ合計は304mm.遮音層はグラスウール両面に石膏ボード+コンパネを貼った構造.その内側に吸音層と内装がある

施工写真および図面は,夢工房だいあん株式会社提供
(横浜市港北区新吉田東8-35-1　TEL045-542-5410)

然,鈴木会長以下,フェーズメーションに携わる社員は音楽好きであることは言うまでもない.

　今後,ユーザーを招いてのイベントも企画されるそうなので,この試聴室が「開かれた」スペースとして広く活用される日が来るのも,そう遠くはないだろう.

　施工に当たった夢工房だいあん株式会社の板井氏も,これまでに音楽家を招いてのコンサートなどを企画しており,いずれこの試聴室でも開催したいと意欲的であった.

　『MJ無線と実験』編集部でも,今後この試聴室をお借りしての試聴会や講習会開催を視野に入れている.

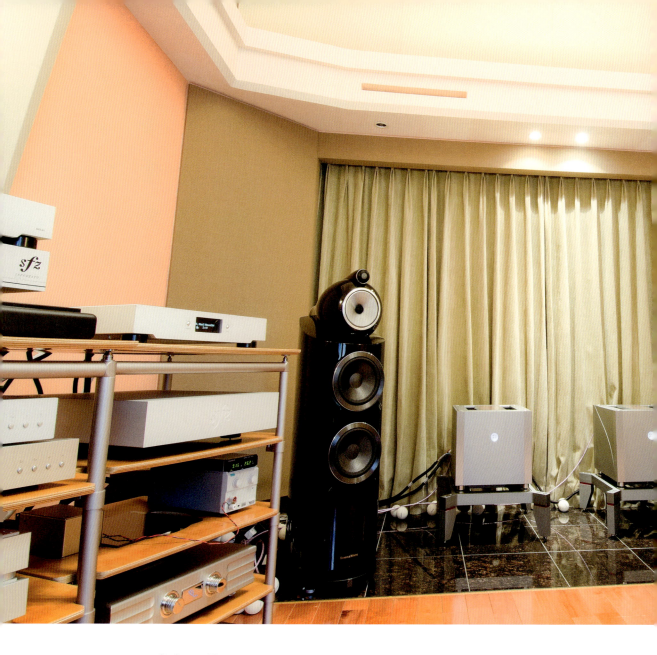

# 住宅街で遮音を徹底，オーディオメーカーの試聴室

CD再生と決別したリンのDSオーディオシステムを見て，これからはネットワークオーディオの時代と確信した小俣氏は，ネットワークオーディオだけのメーカー「スフォルツァート」を起業した．パソコンを使用することなく，またディスクメディアからの再生も行わないネットワークオーディオは，実にオーディオファン向けのシステムであり，追求すべきポイントもマニアックなことが多い．今回はその試聴室を訪問した．（MJ編集部）

### 東京都日野市
### 小俣恭一氏 OMATA Kyoichi

## もと自作ファンのエンジニア

　リスニングルーム取材で角田郁雄氏宅を訪問した際，撮影後，角田氏がどこかに電話をかけていた．訊けば，「スフォルツァートの小俣さんに連絡しておいたから，今度取材したら？」とのこと．小俣恭一氏とは面識がないわけではないが，何かきっかけが欲しいと思いつつEメールを差し上げ，取材の約束を取り付けた．

　他誌でチラッと小俣氏のリスニングルームの写真を見たが，高価な機器がたくさん並んでいるので，ちょっと苦手だなぁと思いつつ訪問した．

　カーナビが近所まで案内してくれるものの，最後は勘を頼りに走行，現地付近に「小俣」表札を見付けるも雰囲気が違うので直接電話し，迎えに来ていただくお手数をおかけしてしまった．

　建物はまだ新しい雰囲気で，室内に入ると，組み立て途中や試作のセットがあちこちに置かれていて，「片づいていなくてすみません」とおっしゃる．何だか急に安心してしまった．小俣氏がMJ読者，自作ファンと同じ感覚の持ち主と直感したからだ．訊けば，MJを読んでアンプの自作に熱中していた時代もあったとのこと．

　小俣氏が主宰する「スフォルツァート」はネットワークオーディオ機器でデビューし，現在はネットワークオーディオプレーヤーを中心に製品をラインアップしている．いずれもアルミ切削加工のシャシーにプリント基板を取り付けた構造で，光学ドライブやHDDなどのメカニズムを搭載せず，デジタルオーディオ信号が通過するだけの機器にもかかわらず，振動対策を徹底していることは，自作ファンも大いに参考となる点であろう．振動は電子パーツを物理的に変調するので，その影響が音に現れるのは無理からぬことである．

　また独立したシャシーの電源部も特徴的で，トランスの振動が本体に及ばないように工夫されている．そのトランスも1個ではなく，回路間の相互干渉を排するために複数個搭載している．

自社製品のショウルームでもあり，意匠にこだわって充分な広さを持つ．音響性能も製品開発にふさわしいものを獲得している

スピーカーシステムはB&Wの802ダイヤモンド．脇の配線材は軟式テニスボールを使用して床から浮かせている．オープンリールデッキは今でも現役で使用している

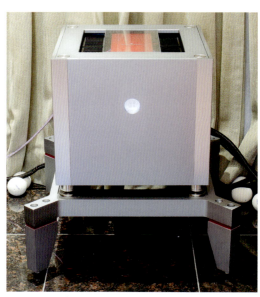

パワーアンプはモノーラルタイプのクオリアDOGMA 600で，専用のスタンドに載せられている

左のラック内はハイレゾ音源などを格納したオーディオ用NAS。ラック頂部はネットワークトランスポートDST-01。右のラック下段はクオリアのプリアンプINDIGO、頂部にはアルミ切削シャシーのネットワークプレーヤーDSP-01を置いている

## 完璧な防音性能

　建物は集合住宅の一室を防音仕様にした専用のリスニングルームで、玄関を入って左がリスニングルーム、右には部品ストックスペースと、測定器を揃えた開発・製作デスクがある。半導体はどんどん生産終了になるので、ある程度のストックが必要とのこと。抵抗器やコンデンサー、デジタル用LSIなども在庫しておかないと困るそうだ。デスクにはオーディオプレシジョンのアナライザー、アジレントのスペクトラムアナライザーなどが並び、デジタルオーディオ機器のアナログ性能の測定はもちろんのこと、高周波領域の観測にも備えている。

　部屋に入ってまず目に留まるのは、B&Wの新鋭スピーカー802ダイヤモンドである。その設置場所は床に御影石が張られ、フローリング床とは振動絶縁されている。天井高は3mを超え、床面積は13畳くらい。防音工事前は15畳ほどもあったそうで、防音と吸音に相当な厚さの壁を設けたことは想像に難くない。事実、部屋の出入り口ドアはスタジオにも使えそうな鋼板製防音ドアで、玄関側のドアと二重になっていて、その間隔は30cmはありそうだ。

正面の壁はレンガ積み風で，ところどころに突出したレンガが，サーモウールを掛けるのにちょうどよい位置にある．額縁状の構造の内部は吸音に使用されている

一見出窓のように見えるが，実際は三重窓．間隔を大きく取った二重窓の内側に，さらにもう1枚加えることで，完璧とも言える遮音性能を獲得した．三角のものは吸音・拡散体

　スピーカー対向面は道路に面していて，固定窓が三重になっている．壁の厚さは40cm以上ありそうだ．その防音効果は，夜中にロックを大音量で鳴らしても，外からはまったく聞こえないほどで，施工を行ったアコースティックラボが顧客デモに紹介するほどだそうだ．

　スピーカー側の正面壁はレンガ積み風の反射構造で，普段はサーモウールとカーテンで吸音している．音楽を楽しむ際はカーテンを開け，サーモウールを取り外すこともあるそうだ．

　壁の高さ2.2mほどのところには空調ダクトが仕込まれていて，空調機の運転音がほとんど聞こえないレベルに処理されている．

## ネットワークオーディオを究める

　小俣氏はこのリスニングルームで音楽を楽しんでいるのはもちろんだが，仕事として「検聴」もしなければならない．その装置はプリアンプ，パワーア

出入り口の二重扉．外側は一般的なものだが，内側は鋼板製の本格的なもの．2枚の扉の間に空気層を設けることで，防音性能を向上させている

ンプともクオリアの製品で，ソース機器は自社のネットワークプレーヤーとオーディオ用NASの組み合わせ．NASにHDDが組み込まれている以外はメカレスであることは非常に興味深い．レコードプレーヤーが部屋の隅に置かれているが，ほとんど使われることはなく，オープンリールデッキは昔の演奏を録音したテープをたまに再生する程度とのことだ．

ネットワークプレーヤーの操作は手元のタブレット端末からワイヤレスで行い，取材中にBGMとして流れていた音楽はCDからのリッピング音源とのことだが，装置全体と部屋の効果であろうか，ハイレゾ音源のようなたたずまいのあるオーディオ再生であった．立体感に優れ，引き込まれてしまう魅力的なサウンドであった．

ここで使用されている機器は，いずれもシャシーが強固なものばかりで，その効果が音に現れているのだから大変なことだ．拙宅の機器のアルミシャシーを補強しようかと考え始めている．

小俣氏が現在準備しているのは，板金シャシーによる中間クラスのモデルで，それでも複数の電源トランスを使用した別電源構成，ESSのDACチップの採用など，充実した内容の高級モデルであることは間違いない．

スフォルツァートを起業する前はデジタル映像機器のコダックに在籍し，デジタル信号処理はお手のものといういう小俣氏は，回路設計も自分でこなし，最終アセンブリーを手作業で一台一台行っているというのは，元自作オーディオファンならではのこだわりの現れであろう．

ネットワークプレーヤーで音楽を楽しむ小俣氏．操作はタブレット端末からワイヤレスで行う

# 真空管OTLアンプを作り続ける
# オーディオメーカーの試聴室

オーディオ真空管アンプは，今や一般のオーディオ・音楽ファンの間でも憧れの的となっている．そのなかでOTLアンプは，真空管出力段とスピーカーの間にトランスを介在させない純粋性を高めたアンプだが，安定動作には高い技術が要求されるため，大手メーカーではほとんど例を見ない．マックトンは創業間もない1970年から現在までOTLアンプを製造し続けている．今回はその試聴室を訪問した．　　　　　　（MJ編集部）

設計から製造まで、一人で責任をもってマックトンを運営している松本健次郎氏

東京都八王子市
## 株式会社マックトン

### 音楽好きが高じてオーディオ起業

　日本の真空管アンプメーカーと言えば，現在では小規模メーカーが多数あるが，今回紹介するマックトンは，OTLアンプを現在でもラインアップの中心に置く，異色の存在といえる．

　創業者で社長の松本健次郎氏は，中学卒業後，映画館や喫茶店で聴くクラシック音楽を自宅でも

横幅二間ほどのスペースにオーディオ装置を並べている．取材時に使用していたパワーアンプはOTL方式のM-8Vで，JBLのS143スピーカーシステムに接続していた．左にソフトとプリアンプ，右にLPと蓄音機を置いている

2台並んだM-8Vは，カラーテレビ用水平偏向ビーム出力管40KG6を5パラSEPPで使用した大型のOTLモノーラルパワーアンプ．左は大型ビーム出力管KT120を片チャンネルあたり4本，2パラプッシュプルで使用した，出力トランス式パワーアンプMS-2000

アナログ音源装置は，LP再生はデンオンのDDターンテーブルDP-75とフィデリティリサーチのトーンアームFR-64fxを自作ボードに取り付けたもの．カートリッジはオルトフォンMC30．テープデッキは民生用の最高峰を揃えている

楽しみたいと考え，自作アンプの道に入った．電子回路の専門知識を身に付けるため，電機学校（現在の東京電機大学）に入学した．1956年にはオーディオ機器のメンテナンスとコンサルタントを行うマックオーディオを創業し，1964年に真空管アンプメーカーのマックトンを創業した．創業当初から真空管アンプが好調で，順調に事業を拡大して従業員も増やし，1966年には全日本オーディオフェアにも出展して好評を博したが，ある雑誌で酷評されたことをきっかけに業績不振となり，事業規模を縮小せざるを得なくなってしまった．

しかし事業縮小は，結果的に製品の質を高めることとなり，根強いファンの存在もあって，創業50年を超えた現在も意欲的な製品を発表し続けている．

マックトンは東京杉並・上井草で創業して事業を拡大し，1996年には杉並・井草に移転し，来客がラインアップを聴くことのできる試聴室も完備した．当時はタンノイのスーパーレッドモニターを備えた12畳ほどのスペースで，講師を招いて他社製品との対決イベントなども行われ，大変好評であったと聞く．

2001年にはラスヴェガスで開催される冬季CESに出展するなど，海外からも注目されてきた．しかし2011年に発生した東日本大震災では，日本の多様な製品が放射能汚染されているという風評が世界中に広まり，国内販売よりも海外輸出が大きなウエイトを占めていたマックトンは，またも業績不振となってしまったのだ．実際に製品が汚染されていなくても噂が噂を呼び，日本のオーディオメーカー全体で，輸出が落ち込んだのである．

現在では国内外とも落ち着いた状況となり，2016年に事務所を八王子に移転した．今回，柴崎功氏の連載「ハードウエアの変遷にみるオーディオメーカーの歴史」の取材におうかがいし，試聴室を拝見したので，無理を言って撮影させていただいた次第だ．

## 真空管オーディオフェアに出展

1988年，全日本オーディオフェアが東京・晴海の会場から池袋のサンシャインシティに移転した際，隣接する池袋プリンスホテルで，MJ編集部がプライベートブースを出展した．当時の中澤弘光編集長（故人）のアイデアで，CESなどの海外オーディオショウに倣って，ホテルの部屋でオーディオのデモンストレーションを行ったのだ．当時，オーディオ専科，日本オーディオ，サン・オーディオ，オーディオノート，シェルターなどの協賛メーカーと，MJレギュラー執筆者の試聴会を6日間にわた

左上がOTLヘッドフォンアンプHF-1，その下にデノンのCDプレーヤーDCD-1650AEとパイオニアのSACDプレーヤーPD-10が並ぶ．ラック内にはフォノEQアンプXP-1とラインコントロールアンプXX-220が収められている．手前は最高峰のラインコントロールアンプXX-5000

って開催した．1990年にはマックトンが初参加してくださったことを，編集子は今でも鮮明に覚えている．

その後，MJブースはプリンスホテルからサンシャインシティ本会場に移動し，いっそう集客を増やしていった．イベントはオーディオフェア，オーディオエキスポと名称を変え，東京ビッグサイトでの開催を最後に，2001年MJ編集部の出展は終了した．

1995年にはMJブース協賛企業が真空管アンプ協議会を結成，秋葉原で真空管オーディオフェアを開催することとなり，そこにマックトンも参加したのだ．以来，幹事会社にも名を連ね，同フェアになくてはならない存在になっている．

## 一人でアンプを設計・製作

八王子に移転したのは，息子さんが経営するバイクショップ「Black Chrome」の存在が大きい．ここはアメリカの大型バイク「ハーレーダビッドソン」のカスタムショップで，その2階事務所にスペースがあり，息子さんの「自分の目の届くところで仕事をして欲しい」との温かい気持ちから移転を決心したという．

事務所にはアンプ製作スペースと試聴室が設けられ，基本的には松本社長一人で切り盛りしている．製作デスクには工具，測定器，電源，照明を完備し，柴崎氏と取材にうかがった際は，少し古いアンプを修理中であった．なかには創業当時のアンプ

リスニングルーム隣室にある測定器完備の製作デスク．ここで真空管アンプの製作と測定を行う

が持ち込まれることもあるという．マックトンのアンプはすべて手作りで，プリント基板やICは使用されていないので，今でも部品ストックがあり，回路図も保存されているので，ほとんどのものが修理可能という．オリジナルの手書き回路図，計算式を書いたメモなども残されており，松本社長の几帳面さを垣間見ることができた．

シャシーのデザインは外注ではなく松本社長が行っており，やや無骨ながら実用本位のものとなっている．シャシー加工はさすがに外注だが，その図面は事務所にあるドラフターで書いているそうだ．

機材，ラックとも井草の試聴室で使用されてきたものをそのまま使用している．ただしスピーカーはスペースの都合で，スーパーレッドモニターよりも幅の狭いJBL S143に変更されている．試聴室の容積が井草よりも小さくなっているので，スーパーレッドモニターよりもマッチするのかもしれない．小林貢氏がプロデュースしたMJのCD『ワンバイワン』を聴かせていただいたところ，OTLアンプと真空管ラインアンプの効果とあいまって，ストレートで快感をともなうサウンドであった．

ラックに目を移すと，ソースはCD，SACD，LP以外にミュージックテープが用意されているのが特徴的である．テープデッキはソニーTC-R7-2とティアックA-7400で，どちらも「ツートラサンパチ」，4トラック再生機能付きである．オーディオメーカー

シャシー加工図面は，この古く大きなドラフターで製図する

試聴室のなかには，レコード再生のできないところがあるとも聞くが，ましてや，テープで機器の音質チェックを行っているメーカーは，今やマックトンだけかもしれない．

松本社長は昭和7年生まれながら，アンプ設計・製作者として現役だ．毎日杉並の自宅から八王子まで通勤しているのは驚きだが，その意欲は衰えを知らないように見える．

# 多彩な技術をマスターした
# エンジニアが作る超小型オーディオ

オーディオマニア憧れの度合いは，広いリスニングルーム，大型のスピーカーシステム，内外著名ブランドのアンプやプレーヤーシステムなどという尺度もあろうが，オーディオ機器のクオリティの高さは機器のサイズと比例するわけではない．今回訪問したビージェーエレクトリックでは，超小型アンプとスピーカーを使用して，ごく自然な音楽再生を実現していた．その秘密はどこにあるのか，その一端を垣間見てきた．（MJ 編集部）

> 神奈川県鎌倉市
> **ビージェーエレクトリック**

## 音の入口から出口まで携わる

　今回訪問した「ビージェーエレクトリック」は，オリジナルの音響機器とケーブルの製作を手がけるかたわら，オーディオ機器修理，メンテナンス，録音，PAをこなすマルチな企業である．代表の石河宣彦氏は中学生のころから『無線と実験』を愛読し，アマチュア無線とオーディオに長く携わってきた．「ビージェーエレクトリック」はアマチュア無線のコールサイン"BJE"から取っているそうだ．

　編集子が石河氏に初めてお目にかかったのは20年ほど前，田口製作所（現在は田口造形音響）の田口和典氏にご紹介いただいた際で，その当時の仕事場は今とは別の場所にあり，石河氏オリジナルの500Wパワーアンプやオーディオデバイスのアンプなどがメンテナンス室に並び，詳しくはお話ししなかったが，その技術的背景を想像することができた．また，エアベアリング技術を応用して1970年代末に登場した「マカラ」プレーヤーシステムが棚にあり，そのメンテナンスをしようとしているが，時間的に手を付けられないと仰っていたことも印象に残っている．

　マカラ開発に携わった齋藤隆夫氏のリスニングルーム取材の際に石河氏が同席してくださり，やはりつながりがあったのだと確信した．

　石河氏は，カートリッジやトーンアームを製造する「エクセルサウンド」に在籍し，カートリッジのノウハウを獲得したのち，高級アンプで一躍脚光を浴びた「オーディオデバイス」のアンプ群の設計に携わった．ここでの数年間で，独創的な回路技術，実装技術を獲得し，独立してからはそのノウハウを活かしてオリジナルのアンプを製作している．

　オーディオデバイスのアンプ群は，国産メーカー離れしたデザインと思想で，日本のオーディオシーンに大きな影響を与えた．そのノウハウを持った石河氏は，オーディオデバイスのエッセンスを受け継いだ「オーディオカレント」のアンプ群にも造詣が深く，現存するオーディオデバイスやオーディオカレントのアンプ修理にも実績がある．しかし，修理はビージェーエレクトリックの主業務ではないため，

オーディオの入口から出口まで，幅広い知識と技術をお持ちの石河宣彦氏．音楽家との交流も深い

JBLやB&Wを鳴らすシステムかと思いきや，そればかりではなく，左のラック内の超小型アンプで，B&Wの左にある超小型スピーカーシステムを鳴らしている．黙って聴かされたら，大きなスピーカーが鳴っていると勘違いしてしまうほどの，堂々たるサウンドであった

基本的には引き受けておらず，知人から「どうしても」と頼まれれば請けるというスタンスのようだ．

## 超小型の本格的オーディオシステム

　ビージェーエレクトリックの主力商品は，手のひらに載る超小型のアンプ群で，プリアンプ，MMカートリッジ用フォノイコライザー，パワーアンプがラインアップされている．また，オリジナルの思想で製作した超小型スピーカーシステムがある．これらは超小型ながら本格的な回路と音質を備えており，大型スピーカーの間にセットされたこれらの機器から流れる音楽を耳にすれば，誰もが大型システムが鳴っていると勘違いするであろう．

　かつて石河氏が超小型システムをオーディオショウで披露したとき，音を聴き，内部を見れば納得してもらえるはずなのに，音を聴く前に「中国製なら1万円」と言われたことがあるという．石河氏が1台1台ていねいに製作するアンプと，中国の安価な労働力で大量生産し，寿命やサービス体制もわからな

いアンプとを同列に扱われてはかなわないので，以後，オーディオショウには出展していないそうだ．

　しかし，残念ながら現状の知名度の低さと，メディアへの露出があまりにも少ないとのことで，今後は広報にも力を入れるというので，いずれMJ誌上でも製品紹介ができるであろう．

　石河氏の作るアンプはディスクリート構成で，超小型のアルミケースに収め，電源部はACアダプターを使用するスタイルだ．アンプ自体が軽量なので，太いケーブルを接続すると傾いたり，移動してしまうこともあるが，フルサイズのアンプに聴き劣りしない．

　写真に写っているアンプ群は，量産品ではないが，これからラインアップしていく製品だそうだ．また輸出用にデザインを変えたものがあり，そのケースが製作ベンチに置かれていた．

　石河氏のスピーカーは，先に記したように小口径で，現在メインとしているのは，6cmフルレンジユニットを一辺10cmの立方体ウォールナット寄せ木エンクロージャーに収めた密閉型である．それを片

3台並ぶアンプの中央がコントロールアンプ，その左右が試作パワーアンプ．右がラズベリーパイ．下段のウッドケースがチャンネルデバイダーで，2チャンネルマルチアンプを構成している

集成材の内部をくりぬいてスピーカーユニットを取り付けた超小型システム．フルレンジだが試験的に800Hzでクロスオーバーさせたマルチアンプシステムとして使用している

レギュラーのアナログプレーヤーはガラード301だが，ピンチヒッターとしてビクターのDDプレーヤーJL-B44を使用中．これは小さくすることができない

　チャンネルあたり2本使用し，800Hzのクロスオーバーで2チャンネルマルチアンプで鳴らしているのだ．
　このエンクロージャーは，内部をくりぬいてあるのだが，少しでも内容積を稼ぐのではなく，定在波が起こりにくい形状にしているという．定在波が起こるとその部分は内容積が無駄になるので，起こさないような形状なら，内容積が小さくてもよいという考え方である．これには大変驚かされた．これまでの常識では，小型スピーカーシステムの内容積は少しでも大きいほうがよいと考えられてきたが，それよりも形状が重要であるとの発想はなかった．

室内にはリスニングスペース，メンテナンス中の機材，ワーリッツァーの半導体式ジュークボックス，ギター，ギターアンプ，ピアノなどがある．メンテナンスは真空管と半導体アンプ，CDプレーヤー，アナログプレーヤー，スピーカー，テープデッキなど多岐にわたる

石河氏のワークベンチには，精密作業のための顕微鏡が備えられている．中央のアルミケースは輸出仕様のもので，内部の基板は国内用と同じ

## 小音量でも自然な音楽再生

　物量を投入して力ずくでスピーカーを鳴らすのは，PAの現場や，低能率スピーカーがセットされたオーディオルームにありがちな傾向であるが，石河氏はそれらに疑いを抱き，小さな音でも音楽の中心を掴むことが可能であると確信している．

　石河氏のPA用スピーカーは，小口径ユニットを多数使用して振動板の振幅を低減させ，指向性もコントロールして，近くでは小さい音，遠くでは大きな音で感じるようにできている．そのため大出力パワーアンプは不要で，コンサートではステージ上のモニター音が小さくて済み，観客席用スピーカーも大音量の必要がなくなり，ステージと観客席の一体感が生まれるという．

　ライブハウスでのPA，録音の実績は，かつてのフォークシンガーの耳にもとまり，現在は六文銭の及川恒平さんのライブにも協力しているそうだ．

　石河氏のシステムはCDプレーヤーなどの音源装置は用意されてはいるものの，普段接続しているのは超小型パソコン「ラズベリーパイ」を使用したネットワークオーディオで，USBメモリーに格納した音楽データを，Wi-Fi接続スマートフォンで快適に操作している．

　今日のオーディオは，まだマニアだけのものという印象があり，高価な製品が誌面に並ぶことは，オーディオを始めたい人にとっては高いハードルにな

試聴ポジションでスマートフォンを操作して超小型システムを聴く石河氏．必ずしもシステムのセンター上で聴く必要はなく，多少ずれていても音楽を楽しむのに不都合はないという．部屋の隅にはローサーのフロントロードホーンシステムPW2が出番を待っている．

ロータリースイッチとモジュールアンプはオーディオデバイスの製品に使われていた特注品．手前はビージェーエレクトリックのアンプ基板を薄型ケースに入れたもの

録音とPAに使用するマイクロフォンは，防湿庫で保管．ノイマンやショップスのコンデンサーマイクが好みで，古いものから新しいものまで揃えている

っていることであろう．また住宅事情もあり，大きな音で音楽を楽しむにはヘッドフォンを利用する人が多いのも仕方のないことであろう．しかし石河氏の提案する，小音量でも充実した音楽再生の実現は，そのような人にとって朗報と言える．

# オフィスの一室に機器をセットしたオーディオメーカーの試聴室

オーディオメーカーの試聴室は数あれど，ユーザーを招き入れているところは非常に少ない．株式会社CSRが擁するオーディオブランド「ソウルノート」では，自社製品のアピールの場として，ユーザーとなるべきオーディオファンを歓迎している．オーディオショウのように一度に大人数に聴かせるのではなく，少人数に対してていねいな対応を行えるところがメリットで，オーディオ活性化のための一手段であろう．（MJ編集部）

神奈川県相模原市
# ソウルノート試聴室

## 独自の手法で機器を開発

　斬新なアイデアを盛り込んだアナログアンプ，D/Aコンバーター，フォノイコライザーを開発している株式会社CSRが，自社オーディオ試聴室の公開を開始しており，MJ編集部でもお邪魔してみた．

　CSRが擁するオーディオブランド「ソウルノート」は，業務用の「マランツ プロフェッショナル」のアンプ群をルーツとし，上下対称回路，無帰還などを特徴としている．エンジニアの加藤秀樹氏がすべての製品の回路設計と音決めを行っており，電気的・機構的な面で従来の常識とされているポイントにメスを入れ，徹底した検証を行って製品に昇華している．

　試聴室は事業所ビル内にあり，約20畳の広さを持つ．天井高はオフィスビルとして標準的な2.5mほどで，特別防音を強化したものではない．扉の外は一方が事務フロア，他方が開発のためのテストベンチにつながっている．

　室内は横長に使用し，スピーカーシステムは前壁から1.5mほど離し，間隔は3mほどもあろうか．リスニングポイントは後壁に近接したソファで，スピーカーシステムの中域ユニットと耳の高さが揃うようにセットされている．当初スピーカーシステムはもっと前壁に近い位置にあったが，音を聴いて現在の位置に追い込んだという．

　音源機器とアンプは2本のスピーカーシステム間の低いラックにセットされており，リスニングポイントとスピーカーシステムの間を遮るものはない．

　オーディオ機器は，CDプレーヤー，D/Aコンバーター，フォノイコライザー，プリメインアンプともソウルノート製品のトップモデルで，オーディオNAS，アナログプレーヤーは自社製品がないため，他社製品を使用している．

## プロ機同等のスピーカーシステムを使用

　スピーカーシステムはモニタースピーカーで著名な英国PMCのコンシューマ版，MB2-SEを純正スタンドに載せて使用している．ちなみにPMC製品

　はCSRがコンシューマ向けモデルを，オタリテックがプロ向けモデルを取り扱っている．PMCはトランスミッションラインと呼ばれる音響管を内蔵したエンクロージャーが特徴で，同じ内容積の密閉型やバスレフ型よりも豊かな低域再生が可能と言われている．
　MB2-SEはユニットに310mmウーファー，75mmソフトドーム型ミッドレンジ，27mmソフトドーム型トゥイーターを採用した3ウエイシステムで，エンクロージャー内蔵トランスミッションラインの長さは3mにもおよび，20Hzまでの再生を可能にしている．
　フォノイコライザーE-2は，通常のMMやMC型カートリッジに対応するのみならず，DSオーディオの光電型カートリッジにも対応する．ロールオフとターンオーバー，超低域制限周波数を可変することで合計144種類のイコライザーカーブを作り出すことができ，RIAA以外の多様なカーブに対応することができる．
　D/AコンバーターD-2は，ESSのDACチップと無帰還バランス構成ディスクリート回路を採用している．PCM入力ではオーバーサンプリングデジタルフィルターを使用しない「ノンオーバーサンプリング：NOS」モードの選択も可能なユニークなものだ．
　プリメインアンプA-2は，抵抗器をリレーで切り換えて減衰量を可変するバランス型アッテネーター，無帰還バランス構成ディスクリート回路を採用

正面中央に音源機器ラック,その両端奥にスピーカーシステムを設置.スピーカーシステムとリスニングポイント間の1次反射が起きるあたりに新開発の音響パネルを設置.スピーカーシステムの間にも置かれている

している.BTL接続やモノーラル,セレクターとアッテネーターのバイパスなども選択でき,多様な使用方法に対応している.

これらの製品には共通したシャシー構造,アンプ回路,電源の考え方,輻射ノイズ対策などがあり,音楽を生き生きと再現するために細部を追い込んでいる.シャシーは振動を抑えるのではなく制御し,天板は3点支持で載せているだけ.脚はスパイク形状で,トロイダル型電源トランス直下に1個,後ろ側に2個の3点支持としている.

回路は無帰還,上下対称回路で,電流を充分に流してリニアリティを高めている.パワーアンプ部

上右がCDプレーヤーC-1，左がD/AコンバーターD-2．下の2台はプリメインアンプA-2で，BTL接続として左右チャンネルに1台ずつ使用している

多様なEQカーブを持ち，DSオーディオの光電カートリッジにも対応するフォノイコライザーE-2

奥行きの大きなトランスミッションライン型エンクロージャーを採用したPMCのスピーカーシステムMB2-SE

リスニングポジションは一人掛けのソファ3脚で，後壁に近いが，低域の膨らみは気にならなかった．左の扉の奥に試作テストベンチの部屋がある．左がCSRの泉水直幸氏，右が加藤秀樹氏

出力段のアイドリング電流は最適値に調整し，電源平滑コンデンサーは小容量のものを多数個使用し，最適量を見極めて並列接続している．輻射ノイズをカットするフィルターは使用せず，基板パターンの最適化で対応している．

ソウルノート製品内部の配線は単線に近い撚り線で，コネクターを排してハンダ付けされている．接続ラインケーブルも同じ線材が使用されている．スピーカーケーブルは発泡フッ素樹脂被覆の単線で，プリメインアンプの付属品にしたいそうだ．

加藤氏が好む音楽はジャズやクラシックで，取材にはオーディオ的に優れた音源を中心に聴かせてくださった．音楽の勢いを削がないように作られたというソウルノートの製品群が再生するサウンドは，録音したその現場に居合わせたかのような雰囲気を持ち，生々しさを感じさせる鮮度の高さがある．NASを使用してハイレゾ音源も聴かせてくださったが，それ以上にアナログ再生は素晴らしかった．デジタルオーディオが追求しているものがアナログオーディオだとすれば，ハイレゾは永遠にアナログに追いつかないことになる．デジタル化で失われた「何か」は，二度と取り戻せないのであろうか．D-2のNOSモードは，そのためのアプローチのひとつである．

新開発の音響パネルは，長さの異なるヘルムホルツ吸音管の集合体で，適度な吸音と反射がバランスし，比較的狭い部屋でも効果を発揮する

スピーカーシステム両脇とアンプラック背後には，ソウルノートの新製品である音響パネルが備わっていた．山谷を持つデザインがユニークである．型番も価格も決まっていないそうだが，効果は抜群とのこと．設置場所を追い込めばスイートスポットが見つかるそうだ．発売次第，MJでも試してみたい．

コラム

## 室内音響を調整する資材2
# QRDの音場調整パネル

格子によって反射を制御して反射音の位相を整える「整数理論」を基に開発された位相反射格子「PRG」を応用した音場調整パネルで，深さの異なる縦溝を水平方向に周期的に並べて，音の拡散と吸音を行うパネル．
縦溝だけで構成されるDiffusor，溝のなかに小さなDiffusorを組み込んだDiffractal，この構造を応用して吸音を行うAbffusor，3次元構造であらゆる方向の入射音を拡散するSkylineなどが代表的製品．溝の幅や深さ，対応する周波数に関しては法則があり，自作するファンも多い．

Diffusor

Diffractal

Abffusor

Skyline

**Diffusor**（寸法：600W×1200H×100D mm，600W×1800H×100D mm，600W×1200H×230D mm）
水平方向からの入射音を半円状の全方向に均一に拡散するパネル．木材板で作られており，吸音材を使用しないため，音楽の勢いを削ぐことがない．

**Diffractal**
Diffusorの溝のなかに，フラクタル理論による小さなDiffusorを組み込んで，より高い周波数まで拡散性能を向上させたもの

**Abffusor**（寸法：600W×1200H×100D mm，600W×1800H×100D mm）
Diffusor自体，溝のなかで音が徐々に小さくなる吸音作用があるが，多孔質吸音材料と，細い隙間を音が通過することで消音するふたつの作用で，80％吸音，20％拡散の性能を持っている．

**Skyline**（寸法：600W×600H×110D mm）
さまざまな長さの角柱を一定の法則で正方形の板に立てた形状の拡散体で，全方向に対して効果を持つ．QRD製品では発泡樹脂で成形されていて軽量なため，天井に用いられることが多い．木の角柱を多数個切り出して並べ，自作する方も多い．

［参考資料］太陽インターナショナルのホームページ

DiffusorとAbffusorを壁面に使用した例
（石川要一朗氏宅）

# オーディオ業界人の
# リスニングルーム

オーディオ雑誌誌面に登場する，
業界で活躍中のかたのリスニングルーム．

角田郁雄氏

石黒 謙氏

柳本信一氏

髙松重治氏

亀山信夫氏

関口倫正氏

万木康史氏

スタジオDede

岩出和美氏

藤井修三氏

角田直隆氏

# 音楽ジャンルで使い分ける2種類のオーディオシステム

都心から電車を乗り継いで2時間ほど,群馬県伊勢崎市にお住まいの石黒氏は,言わずと知れたオーディオブランド「アコースティックリヴァイブ」を主宰する関口機械販売の代表であり,当然ながら熱心なオーディオファンである.ブランド名から連想するように,オーディオで素晴らしい音楽を再現することをブランド理念に持っている.今回は石黒氏の自宅リスニングルームを訪問し,その実践に触れてみた.(MJ編集部)

普段からCDよりもLPをよく聴くという石黒氏．LPは静電気を除去してからプレーヤーに載せる

群馬県伊勢崎市
石黒 謙氏 ISHIGURO Ken

## ひとつの部屋に2系統のシステム

　玄関からすぐのリスニングルームに案内され，一歩入ってすぐに目に留まるのが，照明の当たった機器ラックで，正面のスピーカーシステムやアンプは一見目立たない．天井高は3m弱，20畳ほどのやや縦長の洋間に音響処理がなされている．防音が効いていることはドアの感触でわかるが，建物周囲の騒音が少ないこともあって，過度に「シーン」とした印象は受けない．むしろ居心地のよさを感じる．床に置かれた大量のLPレコードによっても，オーディオ機器よりも音楽ソフトが主役であること，そしてこの部屋のオーナーが音楽を聴き込み，楽しんでいることがうかがえる．

　オーディオメーカーの代表者であるから，自社製品に詳しいのは当然だが，オーディオと音楽好きとなれば，その音質的検証をこの部屋で行っていることが，製品の裏付けとなるに違いない．

　暗めの部屋に目が次第に慣れてくると，機器ラックが2セットあることに気付き，振り返れば，スピーカーシステムがもう1セット目に入ってくる．最初に目に入った側がアヴァロンでパワーアンプはヴィオラ，反対側はウエストレイクでパワーアンプはパスラボラトリーである．

　室内の壁面にはQRD方式の音響拡散処理が行われ，アコースティックリヴァイブの低反発ウレタンコンディショナーも併用されている．また天井にはQRD方式の2次元音響拡散体が取り付けられている．こちらはアメリカのメーカー製品が発泡樹脂製なのに対して，尋常ではない量の銘木の棒を切って作製したというから，相当な忍耐と費用を要したことと想像する．

## 音楽ジャンルでシステムを使い分ける

　オーディオラックは2セット分並び，向かって右がアヴァロン用，左がウエストレイク用である．それぞれキャラクターの異なる機器が収められており，アヴァロン系は，アナログプレーヤーがロクサン，フォノEQがライラ・コニサー，プリアンプが

フィニッテ・エレメンテのオーディオラックにセットされたアヴァロン系のオーディオシステム．天板上のアナログプレーヤーとCDトランスポートは，振動遮断のためエアーフロート機構内蔵のボードに載せられている

ゴールドムンド，CDトランスポートがブルメスター，D/Aコンバーターがゴールドムンドというラインアップ．音楽の細部まで聴き取りたいとの姿勢の現れであろう．

ウエストレイク系は，アナログプレーヤーがロクサン，フォノEQがゴールドムンド，プリアンプがマークレビンソン，CDトランスポートとD/Aコンバーターがワディアというラインアップ．こちらはジャズに特化しているのか，比較的古い機器が選ばれている．

同行のカメラマンが撮影準備を始めると同じくして，石黒氏がCDを再生してくれた．アヴァロンのシステムで再生するクラシック高音質盤は，ホールでオーケストラの演奏を聴くかのようなリアルさがあり，スリルにあふれている．しかもかなりの音量だ．

いきなりの歓迎に驚きつつも，LPとCD，どちらをよく聴くかを尋ねると，圧倒的にLPとの答えで，次にLPを聴かせていただいた．ビートルズ『サージェント・ペパーズ・ロンリー・ハーツ・クラブ・バンド』のモービル・フィデリティ盤だ．それも特別仕様とのことで，きっとマスターテープはこんなサウンドなんだろうなと想像させる素晴らしさであった．

撮影中も再生音量が下がることはなく，音楽を楽しみながら取材が進行するのは珍しいことと思いつつ，そのまま聴かせていただいた．

「次はこちらで」とウエストレイクのシステムでジャズを聴き始める．コルトレーンのオリジナル盤を持っているのに見つからないので申し訳ないという石黒氏だが，音の黒さは圧倒的で，ジャズはアヴァロンよりもこちらだと石黒氏も断言する．それにしても久しぶりに浴びる大音量だが，ジャズの熱気を原寸大で再現するには，これくらいは当然か．

オーディオ再生で音量は重要なファクターだ．小さな音では音楽の勢いの再現は困難だ．だからヘッドフォンに傾倒する人が増えているのだろうが，スピーカーで聴く音楽は身体全体で受け止めるものなので，ヘッドフォンでは音楽の圧力や気圧差のような感覚は，体験不可能であろう．ましてや音場感，眼前に広がるステージ感覚は実現困難だと思う．

スピーカーシステムはアヴァロン・アコースティック Diamond で，普段からグリルネットは取り外さないとのこと

CD ソフト棚の手前側には，LP が大量に床置きされていることもあって，やや手が届きにくい

壁コンセント，AC コード，AC タップなどはすべてアコースティックリヴァイブ製品．電磁波を吸収すると言われる水晶球が随所に置かれている

## オーディオのアクセサリー類

　オーディオ機器間の接続ケーブルはもちろんのこと，室内の壁コンセントやAC コードおよび AC タップも，当然ながらアコースティックリヴァイブ製品が使用され，また随所に電磁波対策であろう水晶球や，振動対策とおぼしきルームチューングッズが配されている．
　アクセサリー類は，オーディオの特効薬と思われがちだが，基礎を固めたう

パワーアンプはヴィオラ BRAVO で，左が電源部で右がパワーアンプ本体

フィニッテ・エレメンテのオーディオラックにセットされたウエストレイク系のオーディオシステム。アナログプレーヤーとCDトランスポートはラックごと独立している。アナログのMC昇圧にはトランスを使用している

主にジャズを聴くためのスピーカーシステムは,ウエストレイク BBSM15 で,高さ 30cm ほどの台座に載せられている

アコースティックリヴァイブで取り扱うアライラボのMC昇圧トランス試作品が置かれていた

リスニングポジションには3脚のローバックチェアがあり，特等席はやはり中央．スピーカー設置側は照明を落とし，そこに立ち現れるジャズプレーヤーの演奏を味わう石黒氏

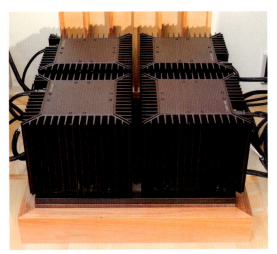

パワーアンプはパスラボラトリーのAleph 2で，ウエストレイクをバイアンプ駆動するために4台必要

リスニングルームのウエストレイク側．アヴァロン側と同じ構造で，下がり天井と2次元音響拡散体，壁の拡散パネルも同様

えで初めて効果の出るものであるから，基本性能の低いシステムに使用した場合，そのシステムのバランスが崩れてアラが表面化することにもなりかねない．オーディオの初心者ほど基本性能の整備やスピーカーの配置，音楽のバランス感覚を養うほうが重要ではないかと思う．

オーディオは機器ありきではあるけれども，まずは音楽を充分に聴き込むことで，オーディオシステムの実力がわかり，次に何をすれば，いっそう音楽を楽しく聴けるようになるのかを理解できるのではないか．そのうえで初めてオーディオアクセサリーが必要な効果を発揮する．

今回の取材では，リスニングルームとそれに見合った機器ラインアップ，そして芸術性の高い音楽ソフトが揃って初めてリアルな音楽再現ができるものだと，改めて実感した次第．

# 3ウエイマルチアンプシステムのある12畳半地下リスニングルーム

横浜にある高級オーディオメーカーの技術トップとして創業以来活躍されてきた高松氏は,退職後に富山の新進オーディオメーカーの技術顧問に就任した.アナログ回路はもちろんのこと,高周波およびデジタル回路にも精通する高松氏は,海外のコンサートにも足を運ぶ音楽通で,膨大なソフトをお持ちだ.生音とパッケージ再生音との狭間でオーディオを研鑽するリスニングルームは,オーディオ雑誌初公開である.(MJ編集部)

12畳相当，約20m²の広さを持つリスニングルームは，25年ほど前の新築時に作ったもの．建物の地下にある駐車場直結で，かつてはグランドピアノとアップライトピアノが1台ずつ入っていた

### 神奈川県川崎市
### 髙松重治氏 TAKAMATSU Shigeharu

## 生粋のオーディオ技術者

　富山で「富山クラフトオーディオクラブ」を主宰し，新進オーディオメーカー「CSポート」を起業した町野利道氏が，2016年末にMJ編集部へご挨拶に見えた．町野氏は世界的スイッチング電源メーカー「コーセル」の社長と会長を経て，「オーディオ界にお返しをしたい」と起業，重厚なオーディオ製品を引っ提げてデビューされたのだが，同行した技術顧問は意外な方であった．それは，日本の一流オーディオメーカー「アキュフェーズ」創業以来のメンバーで，アナログ・デジタルはもちろんのこと，高周波オーディオ回路にも精通している髙松重治氏であった．アキュフェーズでは半導体の帰還アンプ開発が中心で，町野氏が提案する真空管無帰還アンプは対極のものであったが，その音を聴いて本気になったという．

　髙松氏は，世界一のオーディオ機器をリリースするためにトリオを飛び出して1972年に起業した春日二郎氏のケンソニックに参画，セパレートアンプC-200/P-300とチューナーT-100を開発して市場に送り出した．大好評を得たこれらの製品を原点とし，以降アキュフェーズブランドの製品ラインアップを拡大し，1986年にはディスクリート構成の16bitD/Aコンバーター搭載のセパレート型CDプレーヤーDP-80/DC-81を開発した．アキュフェーズにおけるキャリアの最後には，FMチューナーT-1000/T-1100の開発に携わった．退職後は日本オーディオ協会の諮問委員として，オーディオの普及に尽力されている．

　アキュフェーズでは，創業者の春日二郎氏と，社長経験者の出原真澄氏のリスニングルームを公表し，製品使用例として掲げてきた経緯があるが，それ以外の役員のオーディオシステムは公表されてこなかった．髙松氏はすでにアキュフェーズを退社されているので，公開に何ら問題なく，すでに日本オーディオ協会の機関誌『JASジャーナル』2011年Vol.51に紹介されている．それから6年経ち，機器の入れ替えや配置替えも行われたので，改めて本誌で取材させていただいた次第だ．

SACDプレーヤー，フォノイコライザー，コントロールアンプ，デジタルグラフィックイコライザー，サブシステム用パワーアンプ，AC電源コンディショナーはすべてアキュフェーズの製品．ルボックスのオープンデッキは故障知らずとのこと

春日二郎氏が使用していたメルコのターンテーブルを譲り受けた．モーターは24極シンクロナスで，駆動糸はケブラーを使用．ラックとの間には大理石板を敷いて，重量を分散している

## 遮音を施した音楽専用の部屋

　リスニングルームは25年前の自宅新築の際に作った12畳洋間で，ガレージ隣接の半地下RC構造である．地下水浸水対策として周囲に空堀を作ってあり，遮音性能も高い．床はRCスラブに直接フローリング材を貼った強固なつくりで，大型スピーカーの音圧・振動にびくともしない．
　かつてはお嬢様のピアノがグランドとアップライト各1台あり，オーディオ室としての有効面積は少なかったが，現在ではそれらは搬出され，12畳をフルに使用できている．
　『JASジャーナル』取材のころは，低域の定在波対策として部屋の長辺側にスピーカーシステムを置き，比較的近接聴取であったが，現在は建築当初より想定した，短辺にスピーカーシステムを置いている．スピーカー設置部分はタイル貼りになっていて，大型スピーカーの強固な設置を実現している．
　音楽ソースはCD，SACD，レコード，テープな

メインスピーカーはダイヤトーン DS-V9000 用ウーファーとゴトウユニットのホーンを組み合わせた 3 ウエイで，春日二郎氏の影響が大きい．横にインフィニティの大型システム，手前に NH ラボの卵形システムを配置

ど多彩で，最近はレコードを聴く時間が長くなっているそうだ．アナログプレーヤーは 1970 年代のメルコ製糸ドライブ砲金ターンテーブル 3533 に，FR のステンレス製ダイナミックバランストーンアーム FR-66s を組み合わせたもので，カートリッジはマイソニックラボの MC 型 Ultra Eminent Bc を使用している．

メルコ 3533 は，かつて春日二郎氏と出原真澄氏が使用しており，現在高松氏のリスニングルームで使用されているのは，春日氏が使用していたのを引き継いだものだそうだ．

ターンテーブルシート，レコードクリーニングなどにも高松氏独自のノウハウがあって，聴かせていただいた LP はどれも非常にきれいで，「プチプチ」ノイズは一切聴こえず，素晴らしいコンディションで音楽を楽しむことができた．

## 伝送特性を測定と聴感で追求

SACD プレーヤーとアンプ類はすべてアキュフェ

トゥイーターはゴトウユニット SG16TT，ミッドレンジはゴトウユニット SG555BL＋フォステクスのウッドホーン．いずれも巨大なアルニコ磁石を使用している

ーズ製品で，新旧さまざまなものが揃っている．最初に手がけたチューナー T-100 とセパレートアンプ C-200／P-300 は，埼玉の個人オーディオコレクションに寄贈したそうだ．

システムは 3 ウエイマルチアンプ構成で，デジタル式の室内音響イコライザー DG-58 で伝送特性を

リスニングルームの後壁側．入り口ドアの向こうは階段室で，そこから駐車場につながっているので，大きく重い機器も搬入出が比較的容易．半地下室なので天井高は格別高いわけではない．後ろ側に並ぶLPソフトは，ボックスセットのものが多いように見受けられた

整え，デジタル式のチャンネルデバイダーDF-45で遅延特性の調整と帯域分割を行っている．伝送特性を測定したスペクトログラムを拝見したところ，最も動作の遅いウーファー帯域にほかの帯域のタイミングを合わせることで，全帯域が同時に測定マイクに到達していることが理解できた．これらの効果は，明確な音像定位，豊かな音場感に寄与していることは間違いない．

メインスピーカーは自作3ウエイシステム．低域はダイヤトーンDS-V9000用ウーファーを500ℓ密閉型エンクロージャーに収め，315Hzまで使用している．元々はバスレフ型エンクロージャーであったが，低域の処理に苦闘した末，デジタル式イコライザーによる補正を素直なものにするため，ポートをふさいで密閉型にしている．

中域はゴトウユニットのベリリウム振動板ドライバーSG555BLに，フォステクスのウッドホーンH200をスロートアダプターを介して取り付け，315Hz～3.15kHzを再生する．

高域はゴトウユニットのチタン振動板ホーントゥイーターSG16TTを3.15kHz以上で使用している．

クロスオーバーのスロープは96～24dB/octの微妙な組み合わせで，デジタル式のチャンネルデバイダーならではの急峻な設定によって，中域はドライバーの低域再生周波数ギリギリまで使用できている．

サブスピーカーとしては，インフィニティRenaissance 90，NHラボNH-B1があり，こちらは6ch内蔵スイッチング式パワーアンプPX-650で鳴らしている．

これらのシステムに，フォステクスのアクティブ式サブウーファーCW250Bを左右独立で付加し，71Hz以下を再生している．このためサブスピーカーでも大変豊かな低域再生を実現しており，3種のシステムを切り換えても違和感を覚えることは少ない．

メインの3ウエイシステムを駆動するパワーアン

大きなエンクロージャーに挟まれたスペースに置かれたパワーアンプ群．最上段のチャンネルデバイダーで帯域分割と遅延補正を行う

アキュフェーズのオーディオ機器と，自身のシステムを育ててきた髙松氏は，今後は真空管アンプという新たな世界にも関与していく

スピーカーは部屋の短辺側に置かれ，リスニングポイントは部屋の中央にあるテーブルよりも後ろ側にある

プはすべてA級動作MOS-FET出力段のもので，低域に8Ω負荷60W×2のA-65，中域に8Ω負荷40W×2のA-45，高域に8Ω負荷30W×2のA-30を使用している．

デジタル式のチャンネルデバイダーDF-45の設定は一定ではなく，ソースによって微調整を行うそうだ．特に超低域のレベルは，不自然にならないように注意している．

スピーカー対向面とその側壁にはCDやLPを収めたラックがあり，撮影が済んだあとで，「まだ時間大丈夫でしょう？」と次々にCDやLPを出してきてはプレーヤーに載せ，オープンテープのソフトまでも聴かせてくださった．

ウィーンまでニューイヤーコンサートを聴きに行くほどの音楽ファンで，生演奏の記憶とそのライブ盤を比べることによりオーディオシステムを研鑽し

てきた髙松氏は，真空管アンプを手がけるメーカーに参画することで，今までとは異なる次元のオーディオ再生に遭遇している．しばらくしたら，また新たな展開になっていることだろう．再度訪問してみたいリスニングルームである．

# 音楽と映像と鉄道を楽しむ大人の隠れ家

ビクター音楽産業やソニーなどプロオーディオの現場で活躍し,かつては『無線と実験』でプロオーディオ機器の試聴記事を執筆していた関口倫正氏.現在はすでにソニーを退職し,充実した趣味の時間を過ごしている.その趣味は元来の凝り性を発揮して,元プロならではのハイクオリティなものとなり,とくに鉄道映像は市販ソフトに勝るとも劣らない高度な内容となっている.関口氏のような大人にいつかなりたいものだ.(MJ 編集部)

神奈川県厚木市
### 関口倫正氏 SEKIGUCHI Michimasa

## フェイスブックで再会した
## かつての執筆者

　今回お邪魔した関口倫正さん（あえて「さん」付けで呼ばせていただく）は、永くMJをご覧くださっているかたには、懐かしいお名前と感じるだろう．それは、1980年前後の『無線と実験』プロオーディオ記事で、ヒアリングテスターとして名を連ねていたからだ．編集子はそのころはまだ一読者の高校生で、まさか将来その編集作業に携わるとは夢にも思っていなかったが、現実は偶然の積み重ねだ．

　インターネットやブログ、フェイスブックなど、便利なツールが身近になった今日、永くご無沙汰していた旧い知人に出会える機会が増大した．実は関口さんと編集子の再会もフェイスブックを通じてであった．

　関口さんは、当時ビクター音楽産業の録音部に所属し、ミクシング、メンテナンス、スタジオ設計などを担当するマルチタレントであった．

　そもそもこの世界に足を踏み入れようとしたのは、当時第一線で活躍していた行方洋一氏への憧れを実現するためであり、その手段として神戸から上京して東京の大学に入り、レコード会社の録音部でアルバイトを始めたのである．

　『無線と実験』から『MJ無線と実験』に誌名変更し、プロオーディオ記事が少なくなってきた時期に、誌面から関口さんや森田文隆氏がフェードアウトし、オーディオ業界もプロ機が最高の音楽機材として崇拝された時代から変貌をとげていく．それはデジタルオーディオの台頭であり、やがてパソコンのソフトウエアがミクサー、エフェクター、レコーダーに取って代わる時代の到来は、ハードウエア受難の時代でもあった．

　1995年11月、ソニーから画期的なデジタルミクシングコンソールOXF-R3の発表会が開催された．その席で主な説明を行ったのが、関口さんだった．編集子は以前よりお名前だけは存じ上げており、そのお顔も、誌面で拝した面影があった．あぁ、今はソニーにいらしたのかと、感慨深く思ったものだ．

　OXF-R3の素晴らしさを早口で説明していく関

膨大な量のCDソフトを収蔵する関口氏．CDの内容はパソコンでリッピングしてデータ化してあるので、棚に手を伸ばすことはほとんどない

スピーカーシステムはアルテック，JBL，タンノイ，ボーズ，オーラトーンなど6セットを使用．天井近くのボーズはカラオケ用とか

室内に5セットもあるアルテック604-8Hシステム．リアスピーカーのエンクロージャーはアメリカ赴任中に自作したもの

口さんのお話は大変興味深く，またおもしろく，機器内部DSPのレイテンシーはわずか2ワード，つまり0.04ミリ秒，しかしその前後のフィルターを含めると1ミリ秒遅れると説明なさった．それを関口さんは「フランク・シナトラがマイクから離れて歌う」ことを例に出し，1ミリ秒の総合レイテンシーはまったく問題にならないと豪語したのだ．

発表会のあと名刺交換し，その後もプロ機取材で何度かお会いしたが，担当部署の変更などもあって，疎遠になってしまった．

関口さんは『無線と実験』での執筆活動後，1983年にソニーに入社，プロオーディオ商品企画を担当され，一世を風靡したPCM-1630，PCM-3348などに携わった．また1987年には米国ソニーに赴任，憧れのスタジオやエンジニアに，ご自身が企画された製品を紹介して回った．1993年に帰国，もとのポストに戻り，DATなどにも携わった．そして1995年のOXF-R3に至る．その間，編集子もプロオーディオ取材でさまざまなソニー製品に出会ったものの，関口さんは日本におられなかったので，接する機会もなかったわけだ．

1997年にはノンリニアビデオ編集機XPRIの商品企画，2001年に放送用VTR，XDCAMの企画・マーケティング，2004年にテレビ会議システムの企画・マーケティング後，2006〜2008年には再び米国ソニーに赴任，帰国後ソニーPCLで映像制作とイベント企画事業を担当される．そして2012年末にソニーを早期退職し，現在は映像制作を行っている．

## オーディオと鉄道のマルチな趣味

さて，パソコン画面のフェイスブックで再会した関口さんは，OXF-R3発表会のときと変わらない印象であった．しかしプロオーディオの業界人としてではなく，鉄道ファンとして趣味を前面に出したフェイスブックのタイムラインは衝撃的であった．鉄道ビデオ撮りに熊本まで遠征したり，山梨や長野，静岡にはしょっちゅう通っていて，もう会社務めは終えておられるようすがうかがえた．しかし時折「音屋」の片鱗が現れる．地下室とおぼしきオーディオルームがときどき出てきたので，思い切って連絡した．

今回の取材に至ったわけを長々と書き連ねて恐縮だが，編集子にとって，ある意味「憧れのひと」

自作のカウンターテーブル兼機器ラックの内側．映像ソフトはマルチプレーヤーとAVアンプを使用して再生．スピーカーを駆動するパワーアンプは多数あり，アキュフェーズとヤマハの民生機，レコードプレーヤーも並んでいる

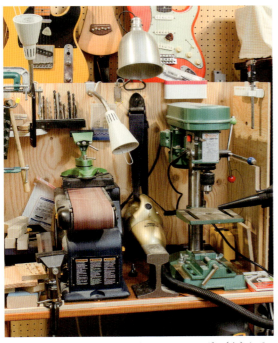

木材と金属の工作コーナーにあるベルトサンダー（左）とボール盤（右）．ボール盤には集塵機が取り付けられている

パワーアンプはアムクロンのスタジオ用の製品が多く揃えられ，サウンド傾向の嗜好が推測できる

カウンターでコーヒーを飲み，ヘッドフォンで音楽を楽しむ関口氏．ヘッドフォンアンプは RE・LEAF の製品を試用中．左上にディスプレイされているのは小田急ロマンスカー VSE 弁当の空箱で，食べた中身を模型で再現した凝ったもの

であったのだから，一方的な思い入れもたっぷりなことをご容赦願いたい．

　取材日を打ち合わせ，いよいよ久々の「再会」を果たし，玄関で走る鉄道模型を横目に見つつリスニングルームに招き入れられると，そこは「男の城」であった．部屋に通じる階段入り口からして尋常ではない．鉄道趣味の雰囲気いっぱいで，途中に模型も飾られている．部屋の天井近くにも模型があるが，今日の目的はそれではない．「音屋」としての関口さんに迫るのが目的だ．

　16畳ほどの面積のリスニングルーム正面には，アルテック604-8H，JBL4331，タンノイ Super Red Monitor SRM-10B，同 Super Gold Monitor SGM-10B などが据えられ，中央には 604-8H によるセンタースピーカーもあり，さらにサラウンド用リアスピーカーにも 604-8H があって，5本すべてに JBL2405 トゥイーターが付加されている．そして 4331 は映像ソフト再生時には，サブウーファーとして機能するようにセットされている．

　スピーカー設置部分は基礎から立ち上げた強固な鉄筋コンクリート床となっていて，それ以外のフローリング床とは振動絶縁されている．壁面は有孔ボード仕上げ，リアスピーカーとセンタースピーカーのエンクロージャー，そして後壁の CD 棚と抽斗，カウンターテーブルを兼ねた機材ラックはすべて自作だそうだ．木工と金工もご趣味とあって，室内にはボール盤とベルトサンダーを備えた工作コーナーもある．

　カウンター外側にはスツールを置いて喫茶店かバーかという雰囲気で，昔の仕事仲間が集まっては朝まで飲んで騒いでも OK とのこと．内側を覗くと，音源装置からパワーアンプ，カセットデッキ，アナログプレーヤー，AV アンプ，ブルーレイプレーヤーなどがぎっしり詰め込まれた機器ラックになっている．スツール側の板が取り外せるようになっているため，配線も容易な点も優れものだ．

　「ちょっとこれを視ませんか」と関口さんが取り出してきたのは，自主製作の鉄道ビデオだった．小田急ロマンスカー VSE「スーパーはこね号」が小田急線の新宿駅から箱根湯本駅までを走り抜ける映像だが，ただそれだけではなく，すべての駅におけるベスト撮影ポイントを探り，下車して高画質ビデオカメラを回し，四季の移ろいを感じさせる編集も行われた素晴らしい作品であった．非公式に撮影し

184

このデスクでは動画編集などの作業を行う．鉄道の映像データは膨大な容量のため，多数の HDD ドライブがラックに並んでいる

たものであり，残念ながら個人的に楽しむことしかできない作品でありながら，300 日におよぶ撮影時間とロケハン，その後の編集作業，パッケージデザインは，趣味を超えてプロはだしと言わざるを得ない．しかし上記経歴を見れば，作業に関しては当然のでき映えでもある．

## プロ指向のオーディオサウンド

映像以外のオーディオ機材は，やや古めのものが多く，「昔買えなかったリベンジ」として手に入れたものが多いとのことだが，元々スタジオ指向なのと，アメリカにいらした時間のせいか，アメリカのプロ機材が多い．

純粋な音楽再生では，スピーカーを切り換えながら聴かせてくださり，それぞれによさがあるが，タンノイ Super Gold Monitor SGM-10B が特にお気に入りとのことだった．25cm 同軸 2 ウエイユニット 1 本を小型エンクロージャーに収めたシステムとは思えない堂々たるサウンド，録音スタジオのような歯切れのよさには，編集子も大変魅了された．

次回はぜひプライベートでこの部屋を訪ね，じっくり鉄道の映像と音楽を楽しませていただきたいと思った．

マルチチャンネル入力のデジタルフィールドレコーダーに自作アタッチメントを装着，電車の床下から発する走行音を鮮明に記録できる，関口氏の秘密兵器

# 日本で一番新しい
# アナログマスタリングスタジオ

近年,ハイレゾオーディオの発展とともにアナログオーディオが再評価され,レコード業界でもアナログ盤の発売が話題となっているが,録音はハイレゾというケースが多い.カッティングスタジオは国内では片手で数えるほどしか稼働しておらず,プレス工場にいたっては1か所と心細い限りだ.今回は日本で一番新しく,一番古い機材のカッティングスタジオが稼働を始めたので取材したを訪問した.　　　　　　　　　　　　　　　　（MJ 編集部）

ヴィンテージ機器修理の腕を活かしてレースの組み立て，調整を行う，アナログマスタリングの若き匠，松下真也氏

### 東京都豊島区
### スタジオDede

## アナログカッティングの始動

　今現在，日本国内でアナログディスクのカッティングができるマスタリングスタジオは，一体何箇所あるだろうか．レコード会社ではJVC，日本コロムビアで作業が行われており，またプレスで著名な東洋化成にも2台のカッティングマシンが稼働している．キングレコードの関口台スタジオ完成時には，2階にアナログカッティング室が備えられていたが，今ではそれが稼働しているという話を聞かない．

　2015年に初めてアナログオーディオフェアが開催され，その際，編集子が所有するウエストレックス3DIIカッティングヘッドを展示したところ，横須賀のオーディオコレクター三上剛志氏が「これを探している人がいる」と言って，写真を撮って行かれた．後日，アコースティックリヴァイブの録音現場で，スタジオDedeのエンジニア吉川昭仁氏が携帯端末で古いカッティングマシンの写真を周囲に見せていて，「アナログブームが来ているな」と実感したが，それはほんの始まりにしか過ぎなかった．

　ある日三上氏経由で，松下真也氏という方がウエストレックス3DIIの現物を確認したがっている，との連絡が入ってお会いすることになった．松下さんは三上氏のヴィンテージオーディオ機器メンテナンスも行っている方，という事前情報は得ていたが，年齢も経歴も存じ上げないままMJ試聴室でお会いして，その若さに驚いた．しかも同席したのが録音現場でお会いした吉川氏で，ご一緒に録音スタジオのエンジニアだというから，2度驚いた．

　そのときはまだカッティングレースは日本になく，アメリカのロングアイランド在住のコレクターから，これから購入するとのことであった．当方のウエストレックス3DIIをご自由にお使いくださいと提案し，ほどなくしてスタジオの改装とカッティングレース搬入，組み立てが始まり，テストカッティングに至ったのは『MJ無線と実験』2016年3月号での既報のとおりである．実際はカッティングヘッドは，別途アメリカで探し求めたものを使用しており，モノラル用の2Aカッティングヘッドも備えたとのことである．その後，音源に応じた機器の

187

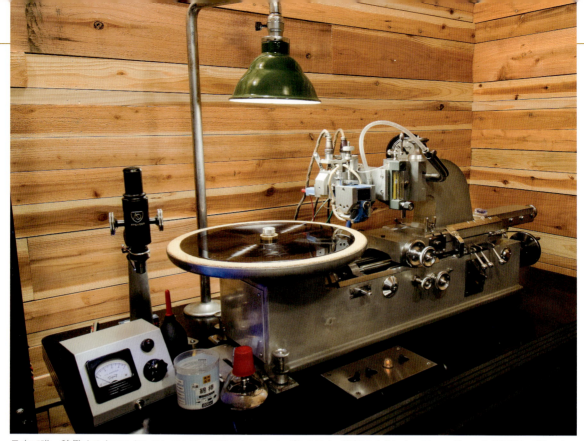

日本で唯一稼働するウエスタンエレクトリック系のカッティングシステム．旋盤のようにカッティングヘッドが移動してラッカー盤を刻むことから，レースと呼ばれる．現状では固定ピッチでカッティングを行うが，収録時間の制約からバリアブルピッチへの対応も視野に入れている

ウエスタンエレクトリックのカッティングレースはスカーリー同様のデスクにセットされている．左のラックはカッティング用の純正パワーアンプ

アナログレコーダーはドイツのテレフンケン M15 を使用．左のアナログプレーヤーは，78 回転にも対応できるように改造したテクニクス SL-1200 初代

アウトボードも真空管式ヴィンテージ機材を中心に揃えている

入れ換え，アンプの改良などを経て，カッティング受注も開始されている．

## ジャズをアナログで収録

　スタジオ Dede はジャズをメインにしたレコーディングスタジオで，ビルの地下フロアにあり，ロビーを挟んで，ミクシング・マスタリングルームと，収録スタジオが配置されている．

　収録スタジオにはピアノ，ハモンドオルガンなどの楽器およびブースが配されていて，ミクシングルームと離れているので，モニター画面と音声で連絡を取るしくみになっている．

　マイクはヴィンテージのリボン型やコンデンサー型を多数所有し，取材当日もスタンドに取り付けられた状態であった．

カッティングアンプはウエストレックス RA-1574-D で，半導体のパワーアンプも目的に応じて使い分けるべく用意されている

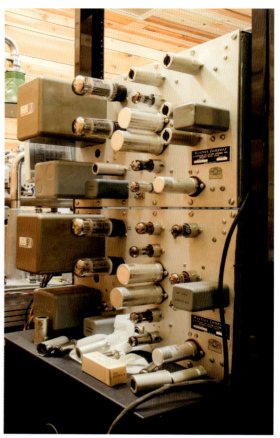

RA-1574-D の背面には真空管とコンデンサー，トランス類が取り付けられている．出力管は 7027 に換装してある

　壁面や天井には，スギやヒノキの平割り材が貼り付けられていて，拡散音場で適度な響きがある．スタジオ特有のデッド感が少なく，演奏者のノリに寄与することだろう．
　ミキシング・マスタリングルームは 16 畳ほどのスペースで，正面にミキシングコンソールとモニタースピーカーおよびモニター画面，左にアナログビンテージアウトボードとデジタルレコーディング機器，右にアナログレコーダー群が並んでいる．ミキシングコンソールは放送用のニーヴ 5315 で，録音用に使いやすいように改造されている．

　アウトボードは古典的なものが多く，ウーレイ，パルテック，アルテック，アンペックスなどが多数揃っているのは貴重だ．
　アナログレコーダーはテレフンケン M15a の 24 トラックと，ハーフインチ 2 トラックをマスターとして備えている．ミキシングコンソール脇には AEG の M20 があり，マスターテープ再生に使用している．これはテープトランスポートだけ活用し，アンプ部はアンペックスの真空管式 351 を使用している．
　モニタースピーカーは壁面と一体化していて，集成材の壁バッフルに円形ホーンドライバーによる 5 ウエイシステムを組み込んでいる．アルテック 515 とミッドレンジ，トゥイーター，スーパートゥイーターはパッシブネットワークで帯域分割，サブウーファーはラジアンの 46cm で，独立したパワーアンプで駆動している．1960 年代録音のクラシック LP のマスターテープコピーを聴かせてもらったが，ま

ハモンドオルガン，レスリースピーカー，ピアノなどが置かれた収録スタジオ．ミキシングルーム同様の内装仕上げ

るで昨日録音したかのような鮮度の高さがあり，マスターテープの情報量の多さと，モニターシステムの完成度の高さに感心した．

## WE系の機器でレコード製作

スタジオDede最大の特徴は，ウエストレックスのアナログカッティングシステムを備えている点にある．かつて東芝EMIのスタジオでも稼働していたと聞くウエストレックスのアナログカッティングシステムは，日本国内ではノイマンに押されてほとんど使用されなくなってしまった．しかし海外のジャズ録音マスタリングでは名機として賞用され，ブルーノートの再発盤でも使用されていると聞く．

ウエストレックスといってもカッティングヘッドだけで，レース本体はスカーリーが使われていることが多い．

そこへ来てこのスタジオDedeであるが，カッティングヘッドがウエストレックス3DII，レースがウエスタンエレクトリックRA-1389，アンプがウエストレックスRA-1574-Dという構成である．総アルミのレースはスカーリーとよく似ているが，スカーリーのベルト駆動に対して，RA-1389はギヤ減速でプラッター回転とカッティングヘッド移動を行っている．それ以外の部分はほぼ同じと見てよいだろう．

スカーリーのレースをオーディオマニアがレコード再生に使用している例は日本では少なくとも3台あるが，ギヤ減速のレースでカッティング業務を行っているのは，おそらく日本に1台だけで，世界的にも珍しいであろう．

ハイレゾ全盛のこの時代にあって，全マニュアル操作のレースを操るエンジニアは若き松下さんただ一人であることは間違いなく，スタジオDedeがアナログマスタリングの聖地となる日が来ることも，そう遠いことではないだろう．

# 職場にセットした
# ヴィンテージオーディオ

コンサートのPAは音が悪いと言うオーディオマニアは,近年のコンサートに行ったことのない人であろう.今回紹介する藤井氏は日本エム・エス・アイで音の責任を負い,機材の存在を忘れさせるような音を目指している.その基準にはウエスタンエレクトリックの再生音があり,藤井氏は執務室で常にその音に接しているからこそ可能なことであろう.それでは,根っからの自作派の藤井氏のシステムを拝見しよう.（MJ編集部）

今もPAの現場に立ち，第一線で活躍する藤井氏．音楽を愛し，いい音で聴く楽しさを提案している

神奈川県川崎市
**藤井修三氏** FUJII Shuzo

## 会長室にオーディオ機器を揃える

　ある日，本誌で執筆している半澤公一氏から，「日本屈指のPAカンパニーの日本エム・エス・アイ創設者である藤井修三氏がオーディオマニアで，事務所にすごいオーディオ機器が揃っています．リスニングルーム取材にいかがですか」と電話があった．後日オーディオシステムの写真を拝見したところ，最新機器でコンサートなどの仕事をするPAカンパニーのトップらしからぬヴィンテージ機器揃いで，仕事の合間に音楽を楽しむために置いているのかと短絡的に考えてしまったが，音を聴いて誤解であったことがわかった．

　日を改めて取材を行うことを半澤氏と約束し，撮影に同行していただくこととした．事務所に着いて藤井氏と挨拶し，オーディオ機器の置いてある部屋に案内していただいた．藤井氏は株式会社日本エム・エス・アイの代表取締役会長をつとめ，同時にグループ企業のオーディオブレインズの代表取締役社長，英マーチンオーディオの日本法人取締役も兼任される，日本のPA業界の重鎮である．

　オーディオ機器の置いてある部屋とは会長室のことで，執務用のパソコンとデスクが置かれている．しかし部屋の床面積の大部分を占めているのはオーディオ機器で，さらに機器メンテナンスのスペースまで用意されている．

　オーディオ機器はアナログ再生を第一としており，ガラード301にSMEのナイフエッジアーム，カートリッジはオルトフォンVMS20の組み合わせと，ビクターのDDプレーヤーにオルトフォンSPUという組み合わせの2系統を揃えている．

　アンプ類はすべて真空管式で，プリアンプはマッキントッシュC22が2台，マランツModel 7が3台あり，さらにアルテックの業務用ミキサーもある．パワーアンプはモショグラフ，ウエスタンエレクトリック91Bレプリカ，アルテックなどが揃っている．

　スピーカーはオーディオショップの壁面さながらで，カンノ製作所のウエスタンエレクトリック22Aホーンレプリカ＋ウエスタンエレクトリック555レ

2台のレコードプレーヤー，5台の真空管プリアンプ，3台のCDプレーヤーを収めたオーディオラック．すべて藤井氏がメンテナンスしたもの．左のプリンター台下段にナカミチのカセットデッキ700があり，これも不動品から復活させた

ガラード301はモーターまで分解して整備．モーターのグリースは田宮の模型用が良いとのこと．ストロボ照明はLEDを使用して自作

シーバーを中心に，低域をウエスタンエレクトリックTA-4181Aウーファーのレプリカ，高域をカンノ製作所のウエスタンエレクトリック597トゥイーターレプリカで構成した3ウエイシステムがメインシステム．このほかJBLのL44，タンノイⅢLZ，ウエスタンエレクトリック755A，アルテック604-8H，フォステクスFE103Solなど，さまざまなスピーカーシステムが切り換え可能になっている．フォステクスは藤井氏が初めて入手したFE133以降，常に手元にあるそうだ．

## 筋金入りのオーディオマニアック

　藤井氏は，子供のころ，兄が入院中にラジオ製作の通信教育を受け，その影響で真空管ラジオの製作からオーディオに興味を持ったのが始まりで，ラジオ番組「日立ミュージックインハイフォニック」でジャズやロックに出会い，チューニングをわずかにずらすことで高域を出して音楽を楽しんでいたそうだ．1970年にFM大阪の試験放送が始まり，ソニーのFMラジオにアンテナをつないで感度を高め，さらにフォステクスFE133フルレンジをつないで高音質化していた．

　いい音で音楽を聴きたい一心で『初歩のラジオ』，『ラジオの製作』を愛読し，高校生になると週末は大阪・日本橋に通い，ジャンク品のレコードプレーヤー，スピーカーユニットを求め，エンクロージャーは建築現場の廃材などで自作していた．誕生日

中央の陣笠を含めて11種類のスピーカーシステムが立ち並ぶ．どれも音の存在感と活きの良さを追求し，古い録音のLPから最新CDまで，日本エム・エス・アイ若手社員も「いい音」と感じるインパクトのあるサウンドを再現している

に父親から15mm厚のサブロク合板をプレゼントされるほど，のめりこんでいた．

梅田の阪急百貨店のオーディオ売り場で，アルテックA7から流れるソニー・ロリンズに感動し，サンスイのショールームでJBLパラゴンに凄みを感じ，ジャズ喫茶にも通った．日本橋の河口無線，アサヒステレオセンターなどで海外製品の出すいい音を体験し，それらの音を目標として，自分のシステムを作り上げていったのである．知人の測定器を頼りにし，納得する音が出るまで自作システムのカット＆トライを続けた．

高校3年生になっても真空管アンプを自作し，

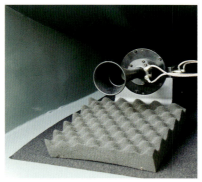

22Aホーンの開口部に597トゥイーターを設置して定位の良さを追求

ラックから吊るした22Aの下に3ウエイクロスオーバーネットワークを設置

上段にアルテックのミキサー，中段にモショグラフとWE91Bレプリカのパワーアンプ，下段にアルテックのパワーアンプ．いずれも真空管式モノーラル型

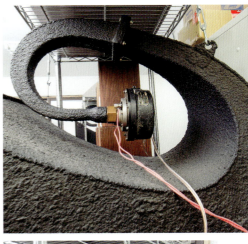

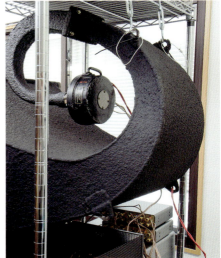

22Aは鋼板製で，制振材料でダンプされている．555レシーバーはウエスタンエレクトリックの本物．励磁電源にはタンガーバルブを使用した自作品を使用

自室の4畳半は壁一面スピーカーシステムという状態で，トーンアームはアルミパイプを曲げて自作，シェルも自作で，カートリッジは圧電型であった．夏でも雨戸を締めて大音量で音楽を楽しんだという，筋金入りのオーディオマニアである．

## PAの現場に目覚めプロになる

高校でバンドを組んでいる友人からPAをやらないかと声がかかり，大阪厚生年金ホールでのコンサートを見学するも音が悪く，自分で組んだシステムのほうが音がよいと自信を持ち，6chミキサーを自作することになった．『無線と実験』に載ったテープレコーダーのマイクアンプ回路を参考に作るも，音が歪んだりS/Nが悪かったりで難航したが何とか完成し，友人のライブは成功，PAのおもしろさに目覚めたのだった．

高校を卒業しPAで身を立てると決意した藤井氏はMOB企画を興し，「上田正樹とサウストゥサウス」のコンサートをプロモート，楽器店からマイク，照明機材，楽器と資金を借り，ポスター作りとチケット販売まで手がけた．新たにアルテックの回路や，当時日比野音響に在籍していた菅原達雄氏の回路を参考にして12chミキサーを自作し，パワーアンプも真空管式を自作した．伊丹市民ホールでのコンサートは成功し，その音のよさで「上田正

藤井氏が内外から集めたウエスタンエレクトリックの希少な真空管．左上は300A，右上は300B刻印，右は211E

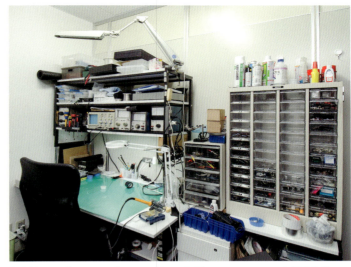

真空管アンプからCDプレーヤーまで，分解してメンテナンスを行う作業スペース．工具，測定器，スペアパーツが揃っている

樹とサウストゥサウス」のPAの契約を勝ち取った．そして，その関係は今でも続いている．

　藤井氏のオーディオは，自分だけで音楽を聴くには直熱3極管アンプが適していて，音に奥行きがあって機器の存在を忘れさせてくれるものがよいと断言し，自室で聴くような音でPAもしたいとのお考えだ．直接音を眼前で聴く心地よさを体験して欲しいとも言われる．

　あるとき藤井氏は，代々木にあるウエスタンサウンドインクでウエスタンエレクトリック機器を使用して美空ひばりを聴かせてもらい，その生音に近い存在感に衝撃を受けた．そこでウエスタンエレクトリック機器を理想とし，スピーカーやアンプ，真空管などを集め始める．現状システムの555レシーバー以外はレプリカ品なので，宝くじが当たったらオリジナルのウエスタンエレクトリック機器を揃えたいという．

　ラックにある3台のマランツModel 7は，それぞれオリジナル，復刻版，キットで，オリジナルを基準にして内部部品を変更，音を近づける工夫をしている．中古で入手したものはいったん徹底的に分解整備し，トランスもコイル構成を記録して修理するそうだ．

　会長職にあってもPAの現場に立ち，いい音楽を楽しむための努力を惜しまない藤井氏，その研究熱心な姿勢と哲学を若い世代が受け継ぐことで，PAの音もいっそうよくなるに違いない．

（聞き手；半澤公一，構成；編集部）

右壁面にCDラックがあり，その右側にもJBLとアルテックのスピーカーシステムが多数並べられている．左上の写真はMOB企画初期のもので，自作スピーカーシステムとそれを積むトラックが写っている

# 演奏者，歌い手の
# リアルな空間描写を求めて

オーディオ評論でオーディオ各誌に活躍中の角田郁雄氏が，その仕事道具であるスピーカーシステムを新しくしたと聞き，一体何を導入してどのように鳴っているのかが気になり，リスニングルーム取材をさせていただいた．また，仕事を離れて純粋に音楽を楽しむための部屋もあり，そのシステムも拝見した．新しいスピーカー導入までの経緯と，どのようなオーディオ再生を追求しているのかを寄稿していただいた．　　　　　　（MJ 編集部）

ファイル再生のみならず、アナログ再生にも注力する角田氏

### 東京都町田市
### 角田郁雄氏 TSUNODA Ikuo

## 父親の影響でオーディオに傾倒

　1953年（昭和28年），北海道札幌市で生まれた私は，クラシック音楽とオーディオを愛好する父親の影響を受けて，ここまで来てしまった．

　父の作ったスピーカーで思い出深いのは，美しい木目のヤマハ特注大型密閉箱を使った3ウエイスピーカーだ．トゥイーターとミッドレンジにはドイツのヘンネル（ヘコー）のソフトドームユニットを使用し，ウーファーには日立ローディの20cm口径L-200を使っていた．父はネットワークにこだわり，オーディオ技術に詳しい知人に製作を依頼した．それは，トゥイーターとミッドレンジのピーク歪みを低減するピークコントローラー回路を搭載するベッセル型であった．その複雑な定数を求めるために，アメリカのコンピューターに電話回線を通じてアクセスし，計算したと語っていた．このスピーカーがサン＝サーンスの交響曲第3番の第2楽章，冒頭のオルガンの重低音を深々と，グーッと押し出すように再生していたことを，今でも覚えている．

　さて，社会人となり，自分のシステムを持てるようになったが，あるとき，オーディオ装置の音は，どうしてクラシックコンサートのように，広く深い空間再現ができないのか，と疑問をもつようになった．そこで数々のオーディオ誌を読んだ．ある雑誌で，直方体のエンクロージャーを使わない，オールリボンのプレーナー型スピーカー，アポジーの連載記事を読んだ．静電型スピーカー，アクースタット，マーティンローガン，クオードも紹介されていた．私はこれらが気になり，毎週のように秋葉原のオーディオ店に出かけ，研究を始めた．一番デザインが格好よく，音も気に入ったのはアポジーのDivaやCaliperであった．しかし，インピーダンスは2Ω以下で，アメリカのマークレビンソンやクレルのアンプでないと駆動できないことが大きなネックであった．38～40歳くらいの年齢だったので，高額なシステムはとてもハードルが高かった．

## クオードESL-63Proに出会う

　あるときクラシックの音楽雑誌を読んでいたら，

2階のプライベートルームには比較的シンプルな構成のオーディオシステムを構築．1階試聴室の真上に位置するが，こちらのほうが広いので，スピーカーを長辺側に置いて間隔も拡げている

左が音響管構造のFRP製エンクロージャーを持つヴィヴィッドオーディオのGIYA G4，右がアルミ製エンクロージャーのマジコS1

フィリップスクラシックがクオードESL-63Proを録音やマスタリングに使っていると書かれていた．インピーダンスは8Ωで，プリメインアンプでもドライブできることがわかった．実際に試聴すると，広い空間にリアルに奏者や歌い手が描写され，繊細さや微細な音の再現性が高いことも理解できた．振動板をフレームで支えるというシンプルな構造ゆえに，ダイナミックスピーカーのエンクロージャーに比べると不要振動が少なく，歪みは1%以下となる．この特性が，奏者，歌い手のリアルな再現に貢献したのである．使いやすく，これこそ求めていたスピーカーだと思い，長期クレジットを組んで導入した．

その後50歳過ぎまではこのスピーカーを存分に楽しみ，サラリーマンを辞め，『MJ無線と実験』で執筆させていただくようになってからもESL-2805，ESL-2812へと代替しつつ，クオードの魅力を追求した．

## ダイナミック型で空間描写を追求

一方，近年のダイナミック型スピーカーも飛躍的

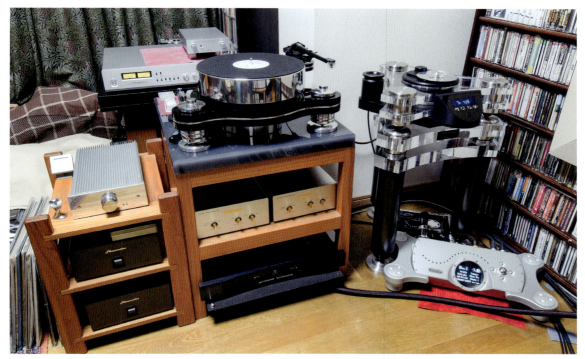

2階プライベートルームのソース機器．アナログ再生はトランスローター RONDINO，フォノ EQ はフェーズメーション EA-1000 とラックスマン E-500．CD 再生はメトロノームテクノロジーの CD トランスポート Kalista と，コードの D/A コンバーター DAVE

GIYA 用のプリアンプはエアー KX-R，マジコにはソニーのプリメインアンプ TA-A1ES と，HDD プレーヤー HAP-Z1ES を組み合わせている

　に進化し，エンクロージャーの振動を低減する技術が，各社のスピーカーに見てとれる．実際にいくつかのモデルを聴いてみると，再生周波数特性が拡張されると同時に低歪み化が実現され，広い空間にリアルな奏者，歌い手を描写することが上手になった．

　私はさらなる空間描写を求め，自宅2階のきわめて趣味性の高い部屋に，まずマジコ S1 というアルミ筐体のスピーカーを導入した．このスピーカーは，ベリリウムドームトゥイーターとナノテックコーンによる2ウエイ密閉型で，音が一点放射のようにリスニングポジションに到達し，ホログラフィカルな音場を再現する．このサイズとは思えない，リニアにグーッと押し出す低音も魅力だ．現在はソニーのプリメインアンプと HDD プレーヤーと組み合わせ，ハイレゾミュージックを楽しんでいる．

　さらに3年前から気になっていたのは，B&W のオリジナルノーチラスを作ったローレンス・ディッ

1階の仕事部屋のオーディオシステム．デラのN1Zのネットワーク出力をdCSのVivaldi Upsamplerに接続し，Vivaldi DACでD/A変換してアキュフェーズC-3850に接続する．N1Zの操作はケヤキ材ラック上のタブレット端末で行う

キー氏が開発の中心となるヴィヴィッドオーディオが，一般家庭でも使えるサイズのGIYA G3，G4を登場させたことだ．このスピーカーは，ドライバーユニットの背後の音圧を消滅させる長いツノを，オリジナルノーチラスとは異なる手法でうまくFRP製エンクロージャーに収容したことが特徴だ．

ローレンス・ディッキー氏は，ユニットのリスニング方向への音の再現性を高めるためには，ユニット背後の音圧をストレスなく消滅させることが大切と考え，ユニットの後部に長いツノ状の音圧減衰器を搭載している．

私はやがてGIYA G3を導入した．このスピーカーは，音色を統一するために全ユニットの振動板がアルミ製で，独特のフレッシュな美音が特徴だ．少々音質のよくない音源を再生しても，美しい響きへと補ってくれている感じがするし，録音のよい音源を再生するとスピーカーが消えてしまうほど，リアルな空間が再現される．このスピーカーではSACD，CD，LPなどのディスク再生を楽しんでいる．

ちなみに私は，美しい彫刻のようなデザインと音が両立し，アップグレード体制によって長く愛用できるオーディオ機器を選んでいる．

## B&W 802D3を導入

一方で私は，1階の仕事部屋にも，高解像度で空間性に優れたスピーカーを求めていた．それを実現してくれたのは，昨年登場した新しいB&W 800D3シリーズだ．輸入元の試聴室で全モデルを聴いたが，一番驚きを隠せなかったのが802D3だった．

従来よりもカラーレーションが少なく，エンクロージャーの不要振動がさらに低減された．ダイヤモンドトゥイーターは，強固なアルミ削り出しのソリッドボディに収容され，弦楽オケでは微細で美しい響きを放った前モデルのケブラー製ミッドレンジは，ケブラーよりも繊維が粗く，柔らかで粘りのある振動板に替わった．そのエンクロージャーも，樹脂製からアルミ製に変更され，再生中に手で触れても振動をほとんど感じない．ミッドレンジユニット取り付け部の振動伝播も大幅に低減された．結果としてトゥイーターとミッドレンジの音色に統一感も得られ，リスニングポイントでは，高域と中域がフルレンジユニットのように一点放射するかのような感覚となり，前モデルより格段の高解像度再生

も身に付けたと実感する.

たとえば,ヴォーカルやヴァイオリン,チェロの独奏を再生すると,歌い手の声質や弦を弓で擦るようすなど,驚くほどリアルに再現してくれる.

低域エンクロージャー内部補強のマトリクス構造はシンプル化され,ウーファーユニットは,マトリクス構造の前面に配置されたアルミフレームに取り付けられる.この骨格となるマトリクス構造の周囲を,大きく湾曲したサイドパネルで覆い,平行面のない,振動を激減するエンクロージャーを構成しているのだ.

フロントバッフルとウーファーユニットが接する部分にはほんのわずかな間隙があり,ユニットの振動がフロントバッフルに伝わらないようにしている.17Hzにチューニングされたバスレフポートはエンクロージャー下部に備わり,低域の強調感をほとんど感じさせない.実際に音量を上げても,エンクロージャーの振動は極小である.したがって高調波歪みも,静電型スピーカー並みの1%以下を達成している.

ネットワークはエンクロージャー後部のアルミプレートに取り付けられ,スリムな形状となった.上から見ると,水滴のような流線型の美しいエンクロージャーとなっている.

素晴らしいことは,格別にS/Nと解像度に優れるので,新製品やSACDのマスター音源などを試聴した際に,音質の判断が実にしやすいことだ.再生音源に内包する音を出し切り,音の消え入るような弱音の再現性も驚くほど高い.また不要振動がなく,色付けも少ないだけに,スピーカーの背後に広く深い空間を現出させ,奏者や歌い手が生々しく浮かび上がり,スピーカーが消えてしまう.言い換えると,オーディオの器量をよくも悪くも敏感に反映するスピーカーで,取り組み甲斐があるとも言える.最近になって,スピーカーケーブルをバイワイヤリング接続にしたことで中高域の空気感とアンビエントが増え,低域にさらなる深みを感じることができた.

802D3の横には,現在のスピーカー技術とは真逆の,エンクロージャーを楽器のように美しく響かせるキソアコースティックHB-1を配置.驚くような低音を再生し,空間再現性も実に高い.

そうこうしながらも,一気に還暦を過ぎてしまったように思うが,さらに奏者,歌い手のリアルな空間描写の再現を求めていきたい.

仕事で主に使用するB&W 802D3は,フロントバッフルがラウンド形状の特徴的なデザイン.ケヤキの厚板に載せている.左はB&Wとはまったくキャラクターの異なるキソアコースティックHB-1

パワーアンプはアキュフェーズA-70,ブルメスター911MkIII,ナグラ300pの3種類を使い分けている

# リサーチ事務所からオーディオ喫茶に引越するオーディオシステム

オーディオに関わっていると，思いもよらない偶然に遭遇し，それを運命として受け止めざるを得なくなる場合がある．今回取材した柳本氏は，マーケティング・リサーチの会社を経営するなかで，事務所にオーディオシステムを置いて音楽を楽しむ側から，店で音楽と軽食を提供する側になることを要請され，引き受けることを決意したのである．事務所の機材は店舗に引越するため，ここでの聴き納めとなる． （MJ編集部）

| 東京都国分寺市　アール・リサーチ |
| --- |
| 柳本信一氏　YANAGIMOTO Shinichi |

## 開放的なオーディオ空間

　今回ご紹介するリスニングルームは，マーケティング・リサーチ会社の事務所にあり，まもなく機材ごと引越し，部屋を引き上げる直前という，取材の最後の機会を得たところだ．

　吉祥寺にある著名ジャズ喫茶「メグ」では，毎月第4土曜日に「メグ・ジャズ・オーディオ愛好会」が開催されており，その常連メンバーのなかに柳本信一氏がおられる．ここにはさまざまなオーディオ機材が持ち込まれ，寺島靖国氏を交えて侃々諤々のオーディオ論議が交わされるという，持ち込んだメーカーにとっては試練の場と言えよう．

　メグといえば，かつて楠本恒隆氏が「アンプパーティー」を主催し，柳沢正史氏を輩出した場でもあった．そのムーブメントが連綿と受け継がれ，寺島氏のオーディオ好きと相まって雑誌でも取り上げられ続いているのだ．

　寺島氏は1970年にメグをオープンし，本格的オ

8畳ほどのリスニングスペースに，複雑な構成のスピーカーシステムを配置．左壁にはウッドブラインドをかけて音を拡散し，右側は執務スペースなので，左右で音響条件が異なる．またサブウーファーは左がヴェロダイン，右がエレクトロボイスのパワーアンプ内蔵タイプを使用．右側には音響拡散体を配置．周囲の入居者も事務所なので，夜8時を過ぎれば無人となり，大音量再生もOK

ーディオ装置を置いて「音のよい」ジャズ喫茶として，以後48年間続けてきた．しかし健康状態に限界を感じ，店名を維持することを条件に，経営権の譲渡を決意したのだ．その譲渡先が柳本氏の経営するマーケティング・リサーチの会社である．約款には以前からオーディオ関連事業も記載されているというから，その流れに乗ったものとも見ることができる．

## 高級機を揃えただけではない，使いこなしの妙

　柳本氏のオーディオ機器は，いわゆる「ハイエンドオーディオ」のスピーカーシステムとアナログプレーヤーを中心に，中間のアンプなどの機材は実用本位でセレクトしたものと言える．入口と出口を固めたうえで，使いこなしの腕を揮って仕上げているのだ．

　オーディオシステムの入口は，アナログプレー

　ヤーシステムがハンスアコースティックの最高峰モデル T-60 Reference で，トーンアームにリードの Reed 3P，カートリッジに DS オーディオの光電カートリッジ DS-002 を組み合わせている．レコードの音を少しでもロスなくピックアップしたいとの思いで，選び抜いたという．
　CD や SACD はオッポのユニバーサルプレーヤー BDP-105DJP で再生し，アナログ出力をソニー TA-ZH1ES に入力している．ハイレゾ音源はアステルアンドケルンのデジタルプレーヤーから光デジタル出力を取り出し，ソニー TA-ZH1ES に入力している．TA-ZH1ES はヘッドフォンアンプだが，ここでは D/A コンバーターおよびコントロールアンプとして活用している．ハイレゾ再生ではさまざまな機材を試した結果が，最も音のよかった，現在のようなラインアップに至ったという．
　コントロールアンプとパワーアンプの間には dbx のデジタルプロセッサーが挿入され，タイムアライメント処理をしてチャンネル分割し，パワーアンプに信号を分配している．デジタルプロセッサーの前段には「ウェーヴ・エンファサイザー」と「ベース・プロセッサー」「ソニック・エキサイター」などと記された機器が挿入されている．これらは友人が改造して持ち込んでいるもので，柳本氏自身は内容を熟知しているわけではないが，挿入する効果は確実にあるというから不思議なものだ．
　パワーアンプはジョブのモノーラルパワーアンプ JOB 150 を 4 台，中域と高域に使用し，ローテルの

アナログプレーヤーはハンスアコースティック T-60 Reference で，スタンド部にモーターと制御部が組み込まれている．トーンアームはリードの製品

ラック天面にパワーアンプ，その下にチャンネルデバイダーとエフェクター，光電カートリッジ用イコライザー，下段にユニバーサルプレーヤーとヘッドフォンアンプを収めている

リスニングポジションには大きなソファがあり，背面は書棚で，吸音と拡散パネルを置いている．手前にはLPレコードが大量に立てかけられている

RB-1582で低域を再生する，3ウエイマルチアンプシステムを構成している．

スピーカーシステムはモスキートのNEOで，日本に何セットもない貴重なものだ．これはアルミニウムとカーボンファイバーをエンクロージャーに使用し，ユニット支持方法も自立方法も，これまでの「木箱」のエンクロージャーとは根本的に発想の異なるシステムである．

NEOは前述のように3ウエイマルチアンプでドライブされているが，周辺にリボントゥイーターとホーントゥイーター，イクリプスのタイムドメインスピーカー，ムラタのセラミックトゥイーターが置かれており，さらにサブウーファーも追加されている．これらは，数え切れないほどのスピーカーユニットを制御してピンポイントな定位を実現している前述の友人の影響と思われ，柳本氏自身は，「ライブ演奏の熱気を再現したい」がために，ここまでオーディオシステムが拡大してしまったという．好んでお聴きになるのはライブ盤で，ステージの熱気が伝わるようなリアルさを感じることができた．

メグにはこれらのオーディオ機材をすべて持ち込み，ジャズを基本としながら，今までのメグとは違う選曲と飲食を提供する．「音吉MEG」が2018年4月にスタートしている．「メグ・ジャズ・オーディオ愛好会」は継続し，寺島氏も顔を出すという．

「音吉MEG」がライブとオーディオの新しい名所となることは必至だ．

209

# 壁に砂を入れて完璧な遮音を獲得したリスニングルーム

オーディオビジュアル誌で執筆中の亀山信夫氏とMJ編集部とは，30年近く前から交流があり，折に触れてお話をうかがってきたが，リスニングルーム取材にうかがったことは互いの記憶になく，昨年，箱根レイオーディオの取材の際に「いずれ取材させてください」と約束し，ついに実現した次第．スタジオに匹敵する機能を持ちつつ，それを意識させないあたたかなインテリアは，MJ読者も親しみをおぼえるだろう．（MJ編集部）

有効面積で12畳相当，約3mの天井高を持つリスニングルームには，レイオーディオの大型スピーカー，アピトン合板を積層したブロックがゴロゴロと置かれている

埼玉県所沢市
## 亀山信夫氏 KAMEYAMA Nobuo

## ハイレゾ音楽ソフト制作の先駆け

　オーディオビジュアル機器の評論，マルチチャンネル音楽ソフトの制作で知られる亀山信夫氏は，数年前に病に倒れたが，迅速な処置で快方に向かい，今では後遺症もほとんどなく，仕事を再開しておられる．

　亀山氏はかつてパイオニアで商品企画に携わり，エクスクルーシヴのスピーカーシステムなど，同社の高級機を世に送り出してきた．パイオニア入社後，自ら希望を出してさまざまなポストを経験し，販売店から意見を引き出して商品開発に活かすセールスエンジニアとして活躍してきた．

　パイオニア退社後，キノシタモニターでレコーディングスタジオを席巻したレイオーディオが，民生分野の顧客への販売窓口として始めた「レイオーディオ2オフィス」を担当，オーディオ雑誌への露出が増えて評判を高めた．そのころ，レイオーディオが神宮前に開設した「マジカルスーパースタジオ」で取材に応じてくださったり，横須賀で開催された日本最大級の野外コンサート「レゲエジャパンスプラッシュ」への機材協力など，オーディオの現場で活躍なさってきたが，体調を崩してオフィスを閉めることになってしまった．

　次に亀山氏が着手したのは，ハイビット・ハイサンプリングの音楽ソフト制作であった．かつて，東芝EMIなどで活躍されたレコーディングエンジニア行方洋一に弟子入りすべく新潟から上京した亀山氏は，音楽制作こそが最もやりたかったことなのだろう．

　まだ「ハイレゾ」のことばもない時代であったが，パイオニアが96kHzサンプリングのHS-DATを，三菱電機が96kHz/20bitのスタジオ用デジタルマスターレコーダーを発売し，それらを使用したマスター音源で高音質CDを制作していったのだ．

　それらをCD規格に落とし込むと同時に，96kHzのHS-DATでもソフトをリリースしたが，特定のDATデッキが必要なこと，DATの時代が短かったことと重なり，ハイビット・ハイサンプリングの音楽ソフトが普及することはなかった．

厚さ10cmはあろうかとおぼしきアピトン合板を，天板と棚板に使用したアンプラック．アキュフェーズの6ch対応コントロールアンプCX-260と，DVDやSACDの再生が可能なマルチプレーヤー，エソテリックUX-1を常用．天板上右はプロツールスのコントローラー，中央は有機ELパネルを使用したソニーの業務用マスターモニター

## 遮音性能と低域再生の両立

　亀山氏は音楽と映像の融合と，マルチチャンネル音声の可能性に期待し，自室で研究を重ねるうち，リスニングルームの改修に着手する．もとより床を掘り下げて室内の高さを確保したリスニングルームであったが，自家用車を軽自動車にして駐車場スペースを削り，その分リスニングルームの床面積を拡張すると同時に，床をさらに掘り下げて室容積を拡大するとともに，壁に砂を充填して遮音特性を向上させたのである．

　低域の遮音には質量のある材料が必要で，既存の建物を建て替えることなく，それを実現するアイデアとして，壁の内側に乾燥した砂を充填することを思い付いたそうだ．

　後壁側に収納と吸音スペースを設け，さらに床下にプロツールス用パソコンなどを収納するマシンルームを作り，リスニングルーム内に動作騒音が侵入しないよう工夫している．天井高は3mほどだが，その上側にさらに1mほどの空間を設け，マルチチャンネル再生用スピーカーを仕込むとともに，低域の吸音処理を行っている．

　低音の充分な吸音には大量の吸音材が必要で，通常の施工では，すべての壁面に遮音・吸音層を設け，結果的に床面積が大きく削られることが多いが，ここでは吸音部を集中配置することで，床面積を損なうことなく効果的に吸音処理している．

　低域まで充分な吸音を行い，遮音も完璧に近い状態のため，レコーディングスタジオ並みに低い暗騒音で，パワーアンプの発する空冷ファンと電源トランスのうなりまで聞こえるそうだが，取材時，編集子には気にならなかった．

　床は土間コンクリートにフローリングで，重量の

フロントスピーカーはレイオーディオ RM6V で，純正スタンドに載せたうえ，さらにアピトン合板ブロックで嵩上げ

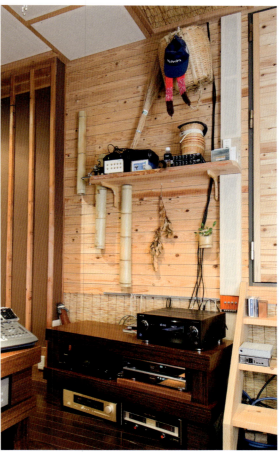

リスニングルーム右側の映像再生機器．リアと天井はパイオニアの AV アンプで駆動．壁面は針葉樹板で仕上げ

パワーアンプは，フランス JDF とレイオーディオが共同開発した JDF ブランドの HQS3200UPM で，1Ω負荷に対して 2000W の出力が可能．分厚いアピトン合板ブロックに載せられている

リスニングルームの後壁側．玄関からの入り口ドア下端が建物1階の床レベルで，そこから1mほど掘り下げたレベルにリスニングルーム床面がある．床下収納のように見える蓋はマシンルーム入り口．後壁の格子は低域吸音部，その上側は収納になっていて，ソフトなどが多量に収められている．コーナーにはリアチャンネル再生用のスピーカーシステムが設置されている

あるスピーカーシステムに対応したものだ．壁面内部には砂を充填しているので，通常の木造建築のように電気配線を壁の内側に入れることが困難なため，AC電源は露出型コンセントを使用しているのがユニークなところだ．

壁の表面仕上げはログハウス調の針葉樹板張りで，無機的なスタジオとは異なる趣である．この部屋で長時間音楽と向き合う亀山氏にとって，落ち着いた雰囲気の室内は欠かせないものに違いない．

## マルチチャンネル再生に対応

リスニングルーム正面には，レイオーディオ2に携わっていたころから使用しているレイオーディオRM6Vが鎮座し，それをドライブするパワーアンプも，当時のレイオーディオ推奨品であったJDF HQS3200UPMを使用している．

音源はすべてデジタルで，CD，DVD，ブルーレイなど．CDは正面ラックに入れたエソテリックのユニバーサルプレーヤーUX-1で再生し，アキュフェーズのマルチチャンネル対応コントロールアンプCX-260を介してパワーアンプに接続する．DVD，ブルーレイなどの映像付きソフトはパイオニアやパナソニックのブルーレイプレーヤーからHDMI端子経由でデジタル信号を取り出し，パイオニアのAVアンプに接続，映像は正面の有機ELモニターに送られる．マルチチャンネル音声のフロント2チャンネルは正面のRM6Vから再生し，リアはエクスクルーシヴ2251から再生する．さらにドルビーアトモス対応の天井スピーカーも仕込まれているので，対応ソフト再生時には立体音場が展開される．

## 映像ソフトの音声の重要性

撮影がひととおり終了し，コーヒーをいただきながら，オーディオと映像を楽しませていただいた．ソフトは亀山氏の好きなジャズで，古いものも新しいものもスリリングに体験でき，映像ソフトを視聴

ジャズのライブ演奏ソフトを楽しむ亀山氏．ソフトの制作，編集，視聴，すべてがこの部屋で処理できる

することも多いこの部屋で，室内照明をぐっと落とせば，まるでジャズクラブに瞬間移動したかのような，よい雰囲気が得られていた．

　映像ソフトでジャズのライブを視れば，音のよさとあいまって，ミュージシャンの手元に引き付けられてしまう．

　映像モニターはソニーの業務用フルHD対応有機ELマスターモニターで，手前に置くことによって，大きなスクリーンにプロジェクターで投影するよりもシャープな映像を獲得している．比較的小さな画面でも，手前に置くことでスクリーンと同等の投影角度が得られるので，これから高音質と高精細映像を組み合わせて楽しみたいと計画している音楽ファンにとって，有用なヒントになることだろう．

　オーディオビジュアルでは，映像に気を取られて音声はどうでもよくなるとの意見をかつて聞いたことがあるが，それは誤りで，音声と映像のクオリティのバランスが重要なのだと，改めて気付かされた．

スピーカー上方に充分なエアボリュームがある．左右壁には低域の吸音部が設けられている

215

# リビングルームで
# ジャズのレコードを楽しむ

オーディオ関連アクセサリーを開発してブランドを興した万木氏は,最近 MC カートリッジをプロデュースして好評を博している.万木氏はどのような方なのか,そのアイデアの源泉はどこにあるのか,開発環境はどのようなものなのか,興味は尽きず,思い立ってお邪魔することにした.そこには万木氏の思いがけない経歴があり,「アナログ」をキーワードにした生き方があった.　　　　　　　　　　　　　　　　　　（MJ 編集部）

細長い形状のリビングルームに大型スピーカーとオーディオラック,レコード棚を設置.右奥のソファの後にもスペースがあり,オーディオ的には左右非対称の部屋

### 東京都江戸川区
### 万木康史氏 YURUGI Yasushi

## レコードのクリーニングブラシを手がける

今回取材した万木康史氏は,ガチガチのオーディオマニアではなく,アナログレコードをゆったり楽しむというスタンスで,オーディオ関連商品をプロデュースする「プランナー」である.

かつて事務用品メーカーで商品企画を担っていて,アイデアを具現化する仕事に従事していた.事務用品メーカーでは体調を崩す同僚もあり,彼らにレコードで音楽を聴かせたところ,目の輝きを取り戻したことがあるとの体験から,オーディオ,特にアナログ再生には何かあるとの確信を得たそうだ.

もとよりジャズが好きで,CDよりもレコードで楽しんでおり,レコードの埃を取り除くためによいものはないかと研究したところ,導電繊維を使用したブラシの開発に至ったのが,オーディオ関連を

スピーカーから2mほどの距離でジャズのレコードを楽しむ万木氏。URの集合住宅をリフォームしてオーディオのスペースを確保している。写真中央の衝立状のスピーカーはモノーラル再生用で、ジェンセンのユニットを使用したもの

生業とすることの始まりであった。自分で何かを作るのではなく、事務用品メーカーでの経験を活かして、協力してくれる工場や職人を探し当てアイデアを具現化し、製品を世に送り出している。

レコードの埃を取り除くブラシは、レコード表面にある静電気をなくし、細い毛先が音溝の中まで届けば効果的なので、その素材を探すことから始まった。たどり着いたのは大手化学繊維メーカーの製品で、導電性を持つ太さ0.03mmのもの。ブラシの柄にしっかり植毛されているので抜けにくく、折れて音溝に入り込むことがないメリットがある。

静電気の除電はブラシを束ねる金具を人体にアースして行うものがあるが、静電気は電流こそ微弱だが数万Vと高電圧のため、ペースメーカーの使用者には危険であり、万木氏の製品は、ブラシの毛の間から空気中にコロナ放電することで除電を行っているそうだ。毛の長さや幅、持ち手などもブラシ職人と充分相談し、試作を繰り返した結果、現在の製品に落ち着いた。製品にはアース線をつなぐ部分も用意されていて、ここから大地アースを取れば、いっそう効果的な除電が可能だという。

次に手がけたのがシェルリード線。ヘッドシェルとカートリッジの端子を結ぶ長さ数cmの短いものだが、ここで大きく音質が変化することはオーディファンの間では知られたことで、協力メーカーにさまざまな仕様のリード線を用意してもらい、ハンダの種類も吟味して仕上げられている。

最近ではMCカートリッジをプロデュースしたが、自分でカートリッジを手がけることができるとは思ってもいなかったそうだ。しかし、夢を具現化してくれる協力者との幸運な出会いがあり、万木氏のアイデアを取り入れて実現できたのだ。

現代オーディオ製品は精密な音場表現、繊細な音楽要素の再現を得意とするものが多いなか、ジャ

知人が製作した木製ラックに6台のアナログプレーヤーを設置．レコードに合わせてプレーヤー，カートリッジを使い分けている．フォノEQも複数揃えている

プリアンプはクラウンでも民生用のIC-150，パワーアンプはクラウンのプロ用D-150A SERIES II．CDプレーヤーはマランツCD-34を揃えている

アルテック620Aは，内蔵クロスオーバーネットワークで聴くほか，手前の外付けクロスオーバーネットワークを使用して，604-8Gのウーファーと，上に載せたホーンドライバーの2ウエイで聴くこともできる

ジャズを太く聴くために，大型のホーンドライバーを追加．500Hzから使用できるアルテック802ドライバー＋511ホーンを使用している

試行錯誤を繰り返して製品化したクリーニングブラシ（右）左の2個は試作品で，ターンテーブルの側に立てて使用することを想定したもの

ズの力強さを表現できる製品が少ないことに発想を得て，太く濃い音を再現するカートリッジを目指している．

万木氏はジャズサキソフォン奏者ズート・シムズのファンクラブ設立者で，会報の発行，会員懇親会の開催，会員限定オリジナルEP盤の作成・頒布，カレンダーやTシャツなどのオリジナルグッズの作成，ズート・シムズの演奏を現代に蘇らせるミュージシャンによるライブコンサートの開催などを企画している．

「ズート・シムズ・ファンクラブ」の創立メンバーには，ズート・シムズ研究家，レコードレーベルオーナー，ジャズ喫茶オーナー，カフェオーナーなどが名を連ねている．

## レコードを楽しむための装置

レコードプレーヤーは，ステレオ用がトーレンス TD-124 ターンテーブル＋SME 3009 アーム，カートリッジは自らプロデュースした KOI-OTO を使用している．モノーラル用にはエラックの MIRACORD，カートリッジに GE バリレラを使用している．MIRACORD はオートリターン動作可能なため，大変重宝しているという．

ラックにはテクニクスの DD プレーヤー SL-1200 Mk3 もあり，KOI-OTO を比較的新しいプレーヤーと組み合わせた音質も確認しているようだ．またコンパクトなブラウンの家電プレーヤーもあり，いずれはブラウンのようなカジュアルなプレーヤーをプロデュースしたいと語っている．

プリアンプ，パワーアンプともプロ機然としたクラウン製で，音質と信頼性で選んだそうだ．以前はマッキントッシュの半導体プリアンプを気に入って使用していたが，修理に出したところ CR 類の交換で音質が一変してしまい，手放してしまったそうだ．

ラックは知人が杉板を使用して手作りしたもので，非常に機能的にできている．これも製品化されないだろうか．

## アナログライフの提案

スピーカーはアルテックの同軸2ウエイユニット 604-8G を搭載したシステム 620A で，内蔵クロスオーバーネットワークで聴くほか，アルテック 802 ド

4台のプレーヤーを使い分ける万木氏．オリジナルの MC カートリッジは，ジャズを濃い音で楽しむことに特化したもの

ライバー＋511 ホーンを上に載せ，500Hz の外付けクロスオーバーネットワークを用いて，604-8G のウーファー部との2ウエイでも聴けるように工夫されている．

604-8G は同軸構造で音像定位が優れているが，トゥイーターのホーンが小さく，クロスオーバー周波数が 1500Hz と高いため，中域のいっそうの充実を図るためのアイデアだという．

その前には JBL 4343 を使用していたが，4ウエイ4ユニットでは近接聴取すると音像がまとまらず，知人に相談したところ，アルテック 620A を使用することになったそうだ．

現在はレコードクリーニングブラシ，シェルリード，MC カートリッジをラインアップする万木氏だが，このほか，ターンテーブルマット，機器の下に敷く除電シート，ハイエンドオーディオ志向のカートリッジなども企画中だそうで，そのアイデアの源泉は，自分で使ってみたいもの，あったら便利なもの，という動機であろう．

万木氏が提案する「アナログライフ」はオーディオに限ったことではなく，写真にも写っているカーボンフレームの自転車もそのうちのひとつ．奥様用の自転車も相当なレベルのものとお見受けした．また，コーヒーにもこだわりがあって，パーコレーターで淹れるコーヒーに憧れているという．フィルターもいろいろ試してみたいとのことで，いずれオリジナルのコーヒー用品を開発するのではなかろうか．

「アナログ」をキーワードにした「生き方」は，デジタル全盛の21世紀にあって，多くの人の心を掴むことであろう．

## 縦長の8畳洋間に機器をセットした書斎兼リスニングルーム

オーディオ雑誌執筆者の試聴室が誌面に登場することは当たり前だが,裏方である編集者のリスニングルームが表に出ることはあまりない.今回は現役のオーディオ雑誌編集者である岩出氏に無理を言い取材させていただいた.編集子とは20年以上交流があるが,プライベートな部分に踏み込むのはお互いここ数年のことである.岩出氏が歌謡曲とフォークを楽しむ自宅オーディオを,子細にご紹介する. （MJ編集部）

**東京都小金井市**
**岩出和美氏** IWAIDE Kazumi

## 交換条件の雑誌取材を敢行

　今回の訪問先はオーディオ雑誌業界の著名人，音元出版『オーディオアクセサリー』編集長を経て音楽之友社『ステレオ』編集長となり，現在は『ステレオ』編集顧問の岩出和美氏のご自宅である．取材に至った経緯は，『ステレオ』2017年6月号特集「お宅のアナログシステム拝見」で，編集子が自宅アナログプレーヤーの取材を受けたことに始まる．2016年の「アナログオーディオフェア」に出展した自作リニアトラッキングアーム搭載DDプレーヤーシステムを岩出氏がご覧になり，オーディオ評論家の福田雅光氏とステレオサウンド社長からもお褒めの言葉をいただき，手前味噌ながら会場では好評を博したと自負していた．その約1年後に岩出氏から自作プレーヤー取材の依頼を受けたのだ．

　拙宅取材は岩出氏お一人で川崎の片隅までお越しになり，撮影とレコード再生でしばらく過ごしてから，編集子は「今度は岩出さんのご自宅を取材させてください」と申し出た．そのことはしばらくは頭から離れていたのだが，最近になってふと思い出し，無理を承知で「平日の取材」を申し込んだのだ．

## 居心地のよいプライベート空間

　岩出氏と言えば，『オーディオアクセサリー』創刊時からのメンバーで，編集子より一回り以上年上，長いキャリアを持つ雑誌編集者だ．『ステレオ』編集長となられてからは人脈を活用して誌面を改革し，今までにない記事を連発してきた豪腕の持ち主である．

　そのリスニングルームがどのようなものかは，すでに『ステレオ』2017年5月号で紹介されているが，以前から当地にお住まいで，3年ほど前に新築で建て直し，専用リスニングルームのスペースを得たという．

　正面に作り付けの大きな棚がある玄関ホールを抜け，明るい庭に面した広いリビングルームに出ると，古いJBLスピーカーを使ったオーディオビジュ

アルシステムが目に入った．聞けば，社会人になって初めて購入したものという．21世紀にも通用するモダンなデザインのL88 NOVAは，有名な4311モニターからミッドレンジを抜いた2ウエイシステムで，現在は075トゥイーターと組み合わせて，奥様の音楽鑑賞に供されている．

リビングのソファ横に扉があり，それを開けると8畳相当洋間のリスニングルームである．幅は一間半だから奥行きのある細長い部屋だ．中央にソファが1脚だけあり，居心地のよい空間を作り出している．正面にはCDとLPを大量に収めることのできる棚があり，そこから1mほど手前にダイヤトーン放送用モニタースピーカーの名品，R-305がセットされている．今どきこのサイズのスピーカーは不人気なので，中古品を格安で入手できたという．いい音が出るとわかっていても手を出す人は少ないそうだ．

R-305の天板にはオーラムカンタスのJET方式スーパートゥイーター AST-2560 CFRP Frame が載せられている．レベル設定は「聴こえない程度」に抑えているそうだ．

R-305はサン・オーディオの6L6GCシングルパ

正面に性格の異なる2組のスピーカーシステムを設置．パワーアンプも別系統となっている．奥の棚には大量のCDとLPが収まり，カーテンの開閉で音響を変えることができる．写真の「半開き」程度がベストとのこと．右にラックがあり，機材を収めている．壁面の乱反射ボードは細長い木片をベニヤ板に接着したもので，美しい仕上がりを見せている

ワーアンプSV-6L6SXでドライブし，主にFM放送を聴く際に使用しているという．SV-6L6SXは出力管をRCAのオリジナル管に交換し，グレードアップを図っている．

FMチューナーはアキュフェーズT-1000で，放送エアチェック用にタスカムの半導体メモリーレコーダーDA-3000を用意している．DA-3000はハイレゾファイル再生にも活用している．

普段のメインスピーカーはKEFのLS-50限定赤ヴァージョンで，ビビッドな色合いが楽しいが，音は本格的で，エラックのサブウーファーSUB2070と組み合わせてフラットな再生を実現している．

LS-50は太いボルトを使用した自作スタンドに載せ，アキュフェーズのA級パワーアンプA-36でドライブしている．

ラック天板にはノッティンガムとマイクロのアナログプレーヤーが並び，撮影に備えてレコード盤が載せられていた．「アナログを普段からお聴きです

ラック天面に2台のアナログプレーヤー,その下にプリアンプと2台のフォノイコライザー.中段にSACDプレーヤーとFMチューナーおよびレコーダー.下段にはパワーアンプとハイレゾ機器を収めている

か」と尋ねると,答えはなぜか「普段はCDが多い」とのこと.フォノイコライザーとラインコントロールアンプも2台あり,やや複雑なシステムを構成している.
　ノッティンガムスペースデッキINTERSPACE HDにはフィデリックスのストレートアーム0 SideForceを取り付け,ヤマキのジルコニア製ヘッドシェルとダイナベクターKARAT 17D5を組み合わせている.また,中古店で見つけたグヤトーン(東京サウンド)STO-140は部品が一部足りないが,デンオンDL-102と組み合わせてモノラル盤再生に使用している.
　マイクロはベルトドライブのBL-101で,トーンアームはMA-505を取り付けている.カートリッジ

リスニングポジションは一人掛けのソファで，ここがプライベートな空間であることがわかる．後は書斎スペースで，アコースティックギターとウクレレがある．手前のラックは自作で，EARのプリアンプとサン・オーディオの6L6GCパワーアンプが収められている

はデンオンDL-103SLで，ヘッドシェルはフィデリックスMITCHAKUを使用している．

　リスニングルームは格別遮音と音響を考慮した設計ではないが，隣家への音漏れが可能な限りないようにしている．また音響トリートメントのためのボード類は，音像定位や低音再生に寄与しているという．

　『ステレオ』記事時点からの変更点として，機器ラック側の右壁に木質の乱反射ボードを設置している．これは内装材メーカー製で，端材をベース材に貼り付けたもの．音響的にも意匠的にも優れている．予算が許せば編集子も真似したくなった．

　リスニングチェア前のラック，スピーカースタンドなども岩出氏の手作りと聞き，結構クラフト派なのだと認識を改めた．またカメラマニアでもあり，防湿庫の中にはニコンのデジタル一眼レフとレンズが保管されていた．昔から男性の趣味はカメラ，オーディオ，クルマであり，岩出氏も「正しく」マニアとなった方のお一人であった．

# 仕事はヘッドフォン, プライベートはスピーカーでハイレゾからSPまで

角田直隆氏ほど名前と顔が知られたヘッドフォンの日本人エンジニアは, 業界にいないだろう. 中野で開催される「ヘッドフォン祭」の企業出展ブースで入場者に笑顔で応対し, 柔和な人柄で親しまれている. 今回は角田氏のプライベート空間にお邪魔し, その豊富な知識に触れるとともに, 笑顔に隠された音の研鑽の秘密の一端を覗くことができた. 編集子の拙い文章からそれを汲み取っていただければ幸いだ. （MJ 編集部）

東京都大田区
**角田直隆氏** TSUNODA Naotaka

## ヘッドフォン業界著名人の
## プライベート

「今日も大変なことになっています」．これは今回取材にお邪魔した角田直隆氏のfacebookでのお決まりのフレーズ．たいていは仕事仲間との酒宴で上機嫌な投稿だが，最近の「大変なこと」は長らく勤めてきた企業を退職し，ご結婚なさったことに尽きる．本当に「大変なことになった」のだ．

角田氏はヘッドフォン業界の著名人，ソニーが2004年に高級音響映像機器群「クオリア」を開発した際の担当者で，編集子とはそれ以降情報交換をさせていただいてきた．その後もソニーのヘッドフォン開発で重要なポストをつとめ，ハイレゾ対応ヘッドフォンアンプなども担当するようになった．まさに「脂が乗った」状態の角田氏だが，今以上にやりたいことがあり，ソニーを退職なさることになった．

在職中から取材を申し込んでいたのが，最近になってようやく時間を取れるようになり，リスニングルーム訪問が実現した．とはいえ，取材の前日も成田空港から戻ったばかりとのことで，早くも多忙な日々が復活している．

角田氏のことは，本誌の佐久間駿氏の原稿のなかに「ナオチャン」としてときどき登場する．佐久間氏がDL-102カートリッジの出力をDATに直接入力する手法で，DATの代わりに半導体PCMレコーダーを使うようになったのも，角田氏との交流のおかげだ．角田氏はSP盤などのモノーラル再生にも熱心で，最近は佐久間氏が製作したアンプを借り受け，WEとRCAのスピーカーを使ってモノーラル再生を行っている．

## 測定と聴感でシステムを調整

角田氏の本業であるヘッドフォン開発では，音楽を創る側と聴く側の両方の意見を採り入れることが必要で，自身にニュートラルさが求められる．ソニーの職場で，どのようなシステムを使っていたのかは伺わなかったが，自宅ではスタジオモニターを

ステレオ再生用スピーカーは棚の上にほかの機器と並べ、サブウーファーは厳密に位置を定めて床に置かれている。茶色に塗られた木箱の中身は絶縁トランス

自作ラック天面にアナログプレーヤー、上段にフォノアンプとFMチューナー、中段にコントロールアンプ、下段にデジタル機器を収納

使用したステレオ再生用システムと、モノーラル再生用システムの2系統を揃えている。

リスニングルームはご自宅2階のリビングルームで、14畳ほどの広さがある。オーディオシステムに向かって右側はバルコニーに面したガラス引き戸、左側は中央に出入口があり、後方にミニキッチンがある。それ以外の壁面にはソフト収納の棚が設けられている。

ステレオ再生用のスピーカーシステムはジェネレック1037C。これはオーディオファンの間ではあまり知られていないが、3ウエイのチャンネルフィルターとパワーアンプを内蔵したモニタースピーカーで、MA作業での定番モデル

左ラックにはモノーラル再生用のレコードプレーヤーとステレオ音場調整用のパラメトリックイコライザー，モノーラル再生用の真空管イコライザー．右ラックにはステレオの超高域再生用にブライストンのパワーアンプ，モノーラル再生用の真空管パワーアンプ

とも言える．これに超高域再生用にパイオニアのリボントゥイーターPT-R7 IIIを載せ，コンデンサーでローカットしてブライストンのパワーアンプ4BSTで駆動している．また，ヴェロダインのアクティブウーファーで超低域を付加している．

超高域の再現はハイレゾ再生に欠かせない要素であり，取材当日は測定と超高域のオン・オフを披露してくださった．測定はB&Kのマイクと計測アンプ，ヒューレット・パッカードのスペクトルアナライザーで行い，試聴では超高域の付加で全帯域にわたって実体感が増すことが確認できた．

超低域では位相の回転に留意し，10Hz付近の位相平坦性を担保したアタック音が体に響くようにチューニングされていた．角田氏が好む海外のロックやポップスで聴かれる「エアー感とリズムの正確さをともなう低音」を存分に堪能できるのだ．海外の音楽ソフトで，海外盤と国内盤では同じ内容なのに音が違うのは，音を語る言葉の感覚や着目点の違いと説明することができる．たとえば「タイトな低音」を日本では中低域のリズムを重視し，スカッと抜けるような状態を指す場合が多いが，海外では，空気感をともなう質感と量感を両立した低音のコヒーレント感（超低域から1kHz付近までのリズムの一体感）を指すという．海外の最新復刻LPには，そのようなサウンドが含まれているものが多く，角田氏はLPを買い集めているようだ．

フィンランドのスタジオモニター，ジェネレック1037Cに，パイオニアのリボントゥイーターを付加

モノーラル再生用に用意しているのは，WEの555レシーバーと22Aホーンの贅沢な組み合わせ

ハイレゾ音源からSP盤まで，幅広い音楽ソースを愉しむ角田氏．このリスニングルームのある自宅は，しばらくのちに建て替える計画で，次のリスニングルームは左右対称になさるそうだ

広々としたリスニングルーム短辺にオーディオ機器を集約．左側に巨大なCDラックとモノーラル再生用スピーカーが並ぶ．WEシステムのある高床の部分は階段室．B&KのマイクとHPのスペアナで超高域再生を確認できた

　LP再生は，砲金プラッターとSMEの3012Rトーンアームを搭載したトーレンスのTD-520 SUPERアナログプレーヤーに，デノンDL-103を組み合わせ，金田明彦氏設計のバッテリー式プリアンプを使用している．バッテリーはビデオカメラ用の大容量ニッケル水素を採用している．

　CDはリッピングしてNASに保存し，パソコンで制御して再生している．D/AコンバーターはマイテックManhattan DAC，コントロールアンプはパスXP-20を使用している．USB配線やNASのLAN配線にはノイズフィルターが効果的とのことで，随所に挿入されている．

　コントロールアンプの出力はメイヤーサウンドのパラメトリックイコライザーCP-10に接続され，伝送特性の調整を行っている．これの効果も耳で確認することができた．

　モノーラル再生は，レコードはエラックの古いMiracordを使用し，アンプは佐久間駿氏から借り受けている6Z-DH3A/6Z-P1/6G-A4イコライザーと，EL34/205Dプッシュプルパワーアンプを使用して，WE 555レシーバー＋22Aホーン，WE 755Aフルレンジ，RCA 106フルレンジを切り換えて鳴らしている．古いジャズヴォーカルなどは絶品であった．また，これらには前述デジタルオーディオも接続され，リッピング音源を楽しませてくださった．

　最新ハイレゾからSP盤にいたるまで，幅広い音源を聴くことも角田氏の「芸の肥やし」になる．角田氏が作ってきたヘッドフォンに，このような背景があることは，驚くべき事実であろう．

[コラム]

### 室内音響を調整する資材3
# 日本音響エンジニアリングの柱状拡散機構AGSの応用

室内音響ではグラスウールのような吸音材料と，板材による反射・拡散が行われることが多く，それらの組み合わせを測定と経験値で組み合わせているのがほとんどであるが，日本音響エンジニアリングでは，森の音響が自然なことに着目し，太さの異なる円柱を立て，前側から後ろに行くにしたがって太くすることで，波消しブロックのような働きを音に対して発揮する構造「柱状拡散機構AGS」を開発した．吸音材を使用することなく，音響エネルギーを減少させる効果があり，自然な音場感を得ることができた．当初それは，同社の試聴室で奥行き1mほどの構造として壁面に立ち並べられたが，奥行きが1mもあっては，一般家庭に設置することは困難であった．そこで手軽に扱えるものとして奥行き20cmの市販品SYLVANが登場した．これは1台なら2本のスピーカーの中央に置き，その効果を確かめることができる．また，壁面に沿って使用するANKHも登場している．

［参考資料］日本音響エンジニアリングのホームページ

SYLVAN

ANKH-Ⅰ

**SYLVAN**
寸法・重量：400W×1400H×200Dm・約24kg

**ANKH-Ⅰ**
寸法・重量：600W×1500H×230Dm・約26kg（フラット型）

**ANKH-Ⅱ**
寸法・重量：400W×1500H×400Dm・約26kg（コーナー型）

ANKH-Ⅱをコーナーに使用した例（山崎剛志氏宅）

# 石井式リスニングルーム

設計と建築が容易なリスニングルームとして注目を浴びている「石井式」リスニングルームの実例.

小田木 充氏

南 英洋氏

鈴木信行氏

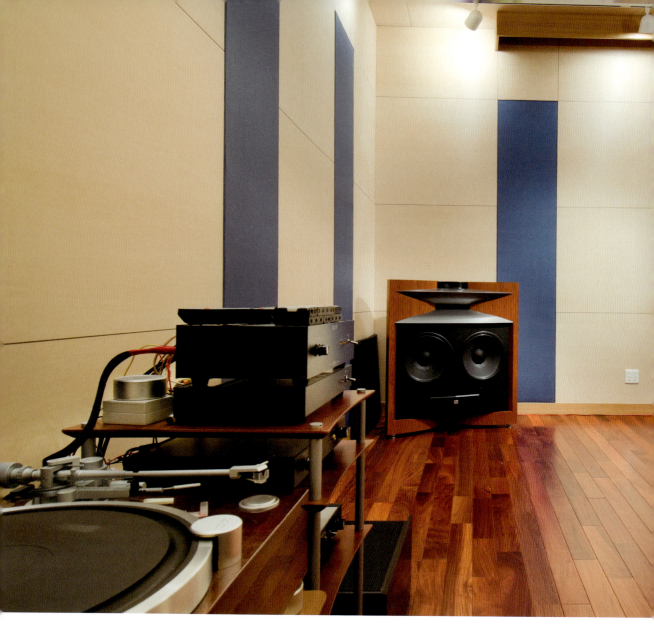

# 石井式リスニングルームで聴く DCアンプとJBLスピーカー

自宅新築にともない，長年の夢であった石井式リスニングルームを計画した小田木氏は，リスニングルームの実例を見学し，理想に近い寸法比のリスニングルームを地下室に作ることに成功した．すでに『JASジャーナル』でも紹介されており，レポーターが「石井マジック」と評している．JBL4320の入手以来，それを充分に駆動するアンプとして選んだ金田式DCアンプも，その力をフルに発揮するスペースとなっている．（MJ編集部）

音楽をいい音で聴きたいという熱意を持ち続ける小田木氏．取材時には『鬼太鼓座』LPを大音量で再生してくださった

東京都大田区
**小田木 充氏** ODAGI Mitsuru

## 蓄音機から始まるオーディオ人生

　私が3歳のときだったと思う．家に蓄音機があり，家の者がわいわい何か話しながらレコード（当然SP盤）を鳴らしていた．そのとき聴いた歌が，今思えば当時大ヒットしていた『愛染かつら』の主題歌「旅の夜風」であった．というのも私は昭和11年生まれで，記録によれば『愛染かつら』は昭和12年に公開されている．これが私のオーディオ人生の始まりということになる．

　次に強く印象に残っているのは，学校の行事でNHKの放送局見学に行った際に見た大きな真空管で，小学生6年生だった私の背丈くらいあり，これで電波を出しラジオ放送がされているとの説明を聞いたことだった．鉱石ラジオを作って放送を聴いた覚えもある．

　中学生になると，小さいときからの草野球の延長で野球部に入り，音楽とは関係のない生活が続くことになる．中学3年生の夏過ぎに結核性股関節炎に罹り，以後5年間におよぶ療養生活に入ることになった．最初の1年間は家で寝たきりの生活となり，親が買ってくれた蓄音機（電動モーターではあるが電蓄ではない）で「軽騎兵序曲」のような軽いものを聴いていた．

　20歳で高校に入学．当時電蓄の時代となっていたが装置もなく，大学に行く通過点でもあったから，オーディオとは無縁の生活であった．無事大学生となって早速秋葉原に行き，待望のオーディオ装置を購入した．アンプがサンスイの真空管式トライアンプ，スピーカーがナショナルの8P-X1をマルチホールのボックスに入れたもの．このスピーカーは7～8年使い，今でも保管してある．レコードプレーヤーはCECのFR-245Aにグレースのアームとカートリッジを，蓋もないただの箱に組み付けたもの．この間トランジスター時代となり，アンプをパイオニアに変えただけでずっと使っていた．

## JBLスピーカーとの出会い

　あるときいつものように秋葉原を散歩していたら，

ヤマハ GT-2000X はラック下段の外部電源を使用．トーンアームは純正のピュアストレートに加え，ヴィヴラボラトリーのアームが取り付けられている．金田式 DC アンプ群はバッテリー電源の電圧伝送方式で，プリアンプは半導体式，D/A コンバーターは半導体式と真空管式の 2 種類を所有

室内コーナー近くに設置された JBL の DD66000 は，バスレフポートが背面にあるため，低域が補強されて平坦な低域伝送特性を実現している．小田木氏はスピーカーの設置高さを調整してみたいと考えている．後壁の木部はシナ合板張りで，音質の観点から無塗装としている．青いジャージクロス部は吸音面

音研で製作された DC パワーアンプは，オリジナルの純 A 級 50W から電源電圧を高くし，放熱器を大型のものに変更して出力 60W に高めたもの

ヤマハのアナログプレーヤーの出力は金田式DCプリアンプに接続. オッポのマルチディスクプレーヤーのデジタル出力は金田式D/Aコンバーターに接続. パワーアンプは音研で製作されたA級60Wの金田式DCアンプ

　ある販売店でJBL 4320の音を聴きびっくり仰天. すぐに購入した. このときの販売員とは親友となり, 現在でも交流が続いている. その後4343が登場し, 4320と交代するも, 現在も息子が使っている.

　スピーカーが4320になるとアンプが力不足ではないかと勝手に思い込んで, 何か自作できる適当なものはないかと物色していたら, 実体配線図が付いていねいな, なかなか説得力のある作り方で書かれた桝谷英哉さんのクリスキットが目にとまり, 早速購入し自作した. これは最初真空管式を製作し, 後にトランジスター式も発表されたので, これも作ってみた. しかし残念ながらどちらも4320を鳴らせるだけの力量がない. どうしたものかといろいろ思案したが, 当然ながら大金を出してメーカー製品を買うだけの金銭的な余裕もないし, ここは自作しかないと思ったが, JBLを鳴らすだけの能力を持った自作アンプはできるものか, 疑問を抱いていたと思う. 当時私が頼りにしていたのは『電波技術』という実体配線図つきのやさしい初心者向きの雑誌で, 『無線と実験』は武末一馬さんなどの製作記事が載り, ときどき覗いてはみるもののハードルが高く (現在でもそれは変わらない), なぜ金田式に挑戦したのか, その当時のことは思い出せない.

　とにかくパーツ一式を取り寄せ製作した. シャシーはまったく加工がしていなく, 孔あけの工具を秋葉原で購入し, 当時小学5年生だった息子に手伝わせてシャシー加工をしたのを覚えている. プリアンプとパワーアンプのどちらを先に作ったか覚えていないが, 誠文堂新光社から出ていた金田明彦さんの書籍に実体配線図付きのプリアンプの製作記事があったので, まずそちらから始めたのだろうと思う. ともかくも, プリアンプ, パワーアンプとも何のトラブルもなく組み上がり, 音が出た. 大成功で, この組み合わせは20年以上使うことになる.

　その間, 販売店にはよく足を運んだ. 今と違いサトー無線, キムラ無線, テレオン, 照明器具など扱っていた大きなお店のヤマギワなど, ずいぶんお世話になった. メーカーの試聴室にもよく行った. 特にラックスの試聴室では, 九州出身の感じのよい社員がいて, いろいろな話で楽しませてもらった. 販売店で外国製のアンプの音を聴かせてもらうと, 「家で鳴っている音は別に悪くない. ものすごく高いお金を出して外国製品を買う必要はない」という感想を持ったのを覚えている. そのなかでクレルがなかなかよかったのだが, 金田式で十分とも感じた.

　現在のラインアップはアナログプレーヤーにヤマ

広さ15畳相当，天井高3.3mの石井式リスニングルームを建築した小田木氏．地下室とあいまって遮音性能が高く，時間帯を気にせず大音量再生が可能．カリン材フローリングのマーキングは石井伸一郎氏が測定時に使用したもの

ハGT-2000X，それにヴィヴラボラトリーのアーム，カートリッジはデノンDL-103 PROを付けている．プリアンプは金田式でカップリングコンデンサーがないタイプ，パワーアンプは金田式でカニトランスを使った一番古いタイプを使用している．D/Aコンバーターも金田式で，真空管タイプと半導体タイプの両方を使っている．ディスクドライブにはオッポのユニバーサルプレーヤーBDP-95を使っているが，SACDはデジタル出力されないので，残念ながら聴くことができない．スピーカーは最近JBLのDD66000を導入した．

リスニングルームは石井伸一郎さんが設計してくださった15畳弱で，天井高は3.3m．石井式の理想的な仕様に対しては20cm足りない．この部屋が完成したのは2012年3月で，まもなく2年になる．スピーカーや部屋のエージングも進み，だいぶ安定した状態になってきたので，いろいろな点で多少の微調整もいいかなと考えている．

## オーディオの想い出

　ここらでハード面を離れ，いろいろな思い出をメモランダム的にに綴ってみよう．まず第一に思い浮かぶのが瀬川冬樹さんだ．オーディオが盛んだった時期のこと，ビクターが銀座にオーディオマニア（当時はオーディオファイルなんて呼び名はなかった）向けの相談室を設けていて，自由に先生と話ができたので，よく通ったものだった．この相談室はその後，虎ノ門の霞ヶ関ビルのすぐ近くに移転したが，ここにもずいぶん行った．「今，先生が飲まれて

鉄筋コンクリート造の強固な建物躯体内に建築したリスニングルームは，石井式独特の壁面構造を持ち，その厚さが出入口から推察できる．ドアはスタジオにも使用される鉄製遮音ドア

壁コンセントはアース付き3ピン式で，アナログ機器用とデジタル機器用に分けて，壁面4面に用意されている

いるお勧めのウイスキーは何ですか」というオーディオに関係ない話もずいぶんした．あの志の高い情熱的な文章，お人柄が偲ばれる．早逝されたのは本当に残念なことだった．

岩崎千明さんのところにもうかがったことがある．東京の西部，中央線のどこかだったと思うが，ジャズ喫茶を開いていてJBLのC40バックロードホーンをガンガン大音量で鳴らしていた．このときかかっていた音楽が今までまったく聴いたことのない種類で，「いったいこれは何ですか」と訊くと，「アルバート・アイラーというジャズミュージシャンの演奏で，曲名はニューヨーク・アイ・アンド・イヤーだ」という．以来，アルバート・アイラーは私の最も好きなミュージシャンとなった．個人として好きなのはアイラーだけだ．

私は長岡鉄男さんのファンで長岡教の信者でもある．長岡さんにはお会いしたことがなく，生前なぜお目にかからなかったかと悔やまれる．著書は『長岡鉄男の外盤A級セレクション1〜3』を始め，何冊か持っている．このコレクションからは，残念ながら100枚足らずしか所有していないが，いずれも素晴らしい音で解説書に書かれた通りの演奏，音で鳴っている．そのなかでも「マタイ受難曲」にはまり，何日かに分けてときどき聴いている．4343を使っていたころはジャズ一辺倒で，宗教曲など一度も聴いたことがなかったので，自分でもビックリしている．クラシックも聴くが，学生時代からマーラーに惹かれていた．今から50年以上も前だから，今のようにポピュラーではなかったような気がする．

クラシックで愛聴盤といえるのはベートーヴェン「ピアノソナタ第32番」で，いろいろな演奏者の盤を持っているが，アルフレート・ブレンデルが一番好きだ．それとなぜかバッハが好みになった．歳のせいだろうか．

ジャズではおもしろい話がある．熱心なジャズ好きにはよく知られたことだが，盤によって音が違う．オリジナル盤が珍重され，市場では非常な高値で売買されていると聞く．たまたま雑誌でジョン・コルトレーンの『至上の愛』を取り上げていて，私の持っていた盤はオリジナルではあるもののグリーンレーベルで，今まで聴いても「この曲が名盤だなんていったいどこが」といった感じだった．ところがこの記事に触発されオレンジレーベルを入手して聴いてみるとビックリ，バッハに匹敵する名曲であった．

歌謡曲も聴く．主に昭和10年代の懐かしのメロディで，実をいうと私の一番の愛聴盤はこれかもしれない．

また，これも懐かしい想い出で，早稲田の学生当時，夏休みに故郷の浜松で興行を打ったことがあった．ハイ・ソサエティ・オーケストラをメインにスリー・グレイセス，所属の事務所からぜひとの依頼で今は亡き日野てる子さんが出演している．当時のハイ・ソサエティ・オーケストラのバンマスが，そのときは知る由もなかったが，現在の一ノ関「ベイシー」の菅原正二さんだった．

# コンサートの雰囲気と感動の,自宅再現を夢見て

コンサートで音楽を楽しむスタイルから,仕事が多忙になるとオーディオで音楽を聴くようになり,さらに忙しくなってからは音楽を聴く時間さえなくなっていた.退職後,再びコンサートに通い始めたが,過去の偉大な演奏を楽しむ手段として,オーディオシステムの再構築を行った.リスニングルームは6畳2間を改造して横長に使用中.(MJ編集部)

横浜市戸塚区
南 英洋氏 MINAMI Hidehiro

## コンサートに出かける一日

　朝，コーヒー豆をミルで挽きながらオーディオ機器の電源を入れる．準備していた本日の演奏会の演目，演奏家のCDをセットし，その内容に合うスピーカー，アンプをつなぎ再生する．その演奏スタイルと音の特徴を憶えるのだ．
　ホールでは私の好みで予約してあった席に着き，演奏中はホールの響き，演奏者の熱気，聴衆のノリなどの雰囲気を楽しむ．
　演奏終了後は直ちに帰宅し，オーディオ機器を起動し，ホールでの音と再生音を比較・確認する．ときには機器の入れ換え，はたまたハンダゴテを握ることもある．
　このようにして再生音を生のコンサートの音，雰囲気に近づけるようにしている．これもコンサート+αの楽しみである．

## オーディオについて

　学生時代は演奏会に行くとか，オーディオシステムを揃える余裕もなく，当時の名曲喫茶に入りびたりであった．また大学の男声合唱団で歌っていた．
　会社に入ってから数年は，給料のほとんどを充ててコンサートに通いつめていた．その後仕事が忙しくなると，その代わりをオーディオに求め，タンノイⅢLZ（国産箱）とラックスの真空管アンプを中心としたシステムで音楽を聴いていた．会社の仕事がきわめて忙しくなるにつれて音楽からだんだん遠ざかり，いつの間にか約30年の時間が経っていた．
　時間的に余裕が出てから再びコンサートに通い始め，リタイヤしてからは本格化し，今では年間約120回演奏会に行っている．主にクラシックの演奏会が多く，オーケストラ，宗教曲，オペラ，室内楽，器楽ソロなどと幅広く聴いている．
　しかし長い休止後の感想は「今浦島」で，演奏家，演奏内容，演奏スタイルも変わっていて，新鮮ではあるが心の中の空白感は否めない．そこで，この空白感を埋め，また時間を遡り，過去の偉大な演奏家の演奏を生に近い音で聴く手段として，オーデ

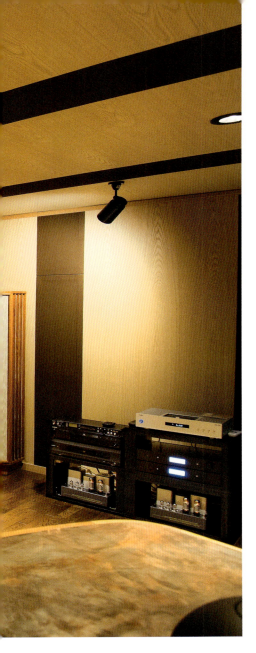

最新デジタルオーディオソースと真空管アンプで音楽を楽しむ南氏．今後の課題は超低音再生とのこと

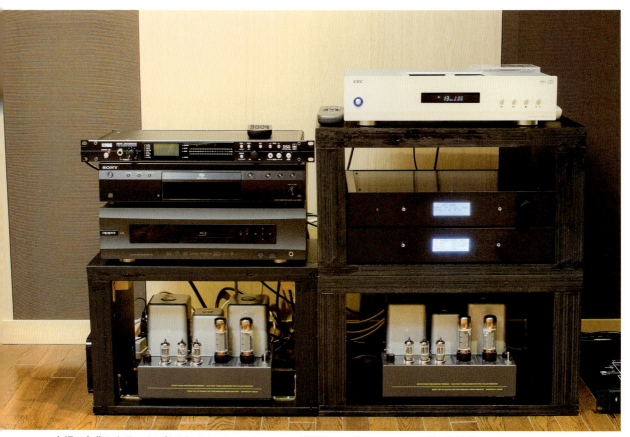

合板で自作したラックに収めたメインシステム．ソース機器はコルグのDSDレコーダー改造機，CECのCDトランスポートなど．プリアンプとD/AコンバーターはATI研究所製．パワーアンプは上杉佳郎氏設計のEL34プッシュプルモノーラル

　ィオシステムを再び構築することにした．
　その目的で私なりに考えたシステム構成要素の影響・割合は，聴く部屋などの環境：約50％，スピーカー：30％，アンプなどの機器：15％，そのほか：5％（聴く音楽の内容，聴く部屋などの環境，音の趣向などにより個々人で割合は変わると思う）．このウエイト付けで検討し，また機器の作成では，キットを含め，でき得る限り自作を楽しむこととした（財布のこともある）．

## オーディオ装置

　再生装置はデジタル中心となっている．昔使っていたアナログ機器はオーバーホールが必要なことと，所持していたLPレコードが少なかったことで，必然的にデジタルに移行した．またCDなどのデジタルソフトの音質がよくなり，価格がきわめて安くなり，昔の演奏家のソフトを数多く揃えやすくなったことも一因．

　デジタル機器では技術進歩によるDACの性能向上が著しく，リーズナブルな価格でアナログに迫る音質にまでなってきた．今使っているAIT研究所のD/Aコンバーターは，入力デジタル信号をリアルタイムでDSD 11.2MHz（44.1kHzの256倍）にアップサンプリングし，その後アナログ変換してデジタル臭さのない滑らかな音で再生する．現在再生可能なデジタルソフトはCD，SACD，Blu-ray，DSD（5.6MHzまで）である．
　しかし，まだアナログのテープ再生音とは格段の差があり，友人のところで聴く38cm/2トラックの生録テープ再生音には，鮮度とダイナミックレンジの広さで遠く及ばない．
　スピーカーシステムは，音の好みからタンノイ系のスピーカーシステムを中心に構成している．種々検討したが，今手元にある中大型では，ⅢLZ（25cmモニターゴールド，英国オリジナル箱），サンバレーオートグラフMID（25cmモニターゴールド），カンタベリー12（30cm），RHRスペシャルリ

メインシステムのヒューガーオートグラフ（左）と，タンノイ RHR スペシャルリミテッド（右）は，それぞれ部屋の長辺側に設置．いずれも壁面近くに寄せられている

RHR ドライブ用のパワーアンプは，上杉佳郎氏設計の EL34 パラプッシュプルモノーラル

メインシステムの AC 電源は，ボルトアンペアのノイズフィルターを介して供給

ミテッド（38cm），ヒューガーオートグラフ（38cm タンノイオートグラフシルバー，レプリカ），ヒノ・オーディオ製箱入り 38cm モニターゴールド，また音質比較基準用として，三菱 2S-208（20cm 2 ウエイ，NHK モニターとして使われていたもの）がある．

どのスピーカーも優劣はつけ難く，聴く内容によって使い分けている．

アンプ類は真空管アンプが中心である．アンプ形式では，シングル，プッシュプル，パラプッシュプルと，また管種も手を広げ（EL34，KT88，KT66，6V6，6L6G，2A3，300B，211，845 など，電圧増幅管を含め 45 種）検討してきた．手元にある真空管アンプはプリ含め 19 セット（うち 14 セットはキットなど手作り）である．手持ち真空管は予備球

リビングに置かれた3系統のスピーカーシステム．いずれもタンノイ系で，IIILZ（25cm モニターゴールド，英国オリジナル箱）サンバレーオートグラフMID（25cm モニターゴールド），カンタベリー12（30cm）

を含めて約500本ある．

ただし，中心に据えるアンプの真空管は，市場に数多く出回っていて入手容易で，音のよいものにしている．現状では大型スピーカー用にはEL34のプッシュプル，同パラプッシュプルに落ち着いてきている．

真空管アンプも優劣がつけ難く，聴く内容，継ぐスピーカーにより選択している．

## リスニングルーム

私の住居は分譲マンションで，改装前の居間（約15畳）でオーディオシステムのヒアリング確認実験を続けていた．オーケストラの全音域を再生しようとスピーカー口径を大きくするにつれ，特に38cmのRHRでは低音時に床が振動し，また定在波によると思われる低音域のバタつきと，それによる中・高音域の濁りで音楽にならない．天井高が低く（約2.4m）縦横比が好ましくない部屋の，典型的で根本的な問題である．

その解決策には，田舎の一軒家に引っ越し，条件のよいオーディオルームを作る選択肢もあった．しかし今後もコンサートに通い続けることが大きな目的であったので，都会から離れることは考えず，今の住居をリフォームすることを機会に，いくらかでも改善されたリスニングルームをつくることとした．

個人の住居でのリスニングルームを研究，検討，実施した著作は，私の調べた限り2冊で，いずれも誠文堂新光社刊の，加銅鉄平氏『リスニングルームの設計と製作例』（絶版）と，石井伸一郎氏『リスニングルームの音響学』であった．双方精読し，私の場合にいくらかでも改良の方向が見出されると思われたのは，シミュレーションを活用し性能予測が可能な石井氏の方法と判断した．

石井式モデルルームのある東京世田谷の藤村建設を訪ね，その部屋の音，響きを体感し，石井氏に設計をお願いした．集合住宅という，天井高が限られているスペースにリスニングルームを設置するという，無謀なお願いであった．

同建設会社に見積もりしていただいたところ，石井式オーディオルームは懐にも優しい設計であることがわかり，急遽昔からの憧れであったオートグラフ（レプリカ）の導入を決めた．また，厚かましくも石井氏に，難しいといわれている同スピーカーの設置，設定のご指導もお願いした．

当初，私の案では居間15畳をリスニングルームにする予定だったが，石井氏の提案と施工前シミュレーションの結果，北側6畳2間を連結して12畳にし，スピーカーを横置きにしたほうが天井高の低い部屋での伝送特性がよくなることがわかり，変更

リビングに置かれた D/A コンバーター,プリアンプ,セレクター,真空管アンプ群.プリアンプとパワーアンプ,スピーカーは自在に組み合わせできる

リビングのオーディオシステムの主な音源はパソコンで,D/D コンバーターを介し,D/A コンバーターと HDMI ケーブルで接続

した.

完成後の音響特性を実測すると,石井氏の予測計算通り,低音域 30〜200Hz 間の大きな谷もなく,また残響時間も 60Hz〜8kHz 間,ほぼフラットの 0.35 秒で,オーケストラの再生にも適した特性が得られた.

実際のスピーカー再生では,改装前問題であった低音域のバタツキもなく,RHR はもちろん,オートグラフでも全音域よい響きで聴きやすい.

改装から約 3 年経過してエージングも進み,リスニングルームで聴く音はコンサートホールに近い響きになってきている.また居間では BGM としての室内楽など,聴く内容を住みわけている.当初の目標は 120% 達成されたと感じている.

## これからの夢

私がよく利用するコンサートホールに,響きのよいことで知られているミューザ川崎シンフォニーホールがある.そのホールで昨年 11 月中旬,欧州三大オーケストラ(ウィーンフィル,ロイヤルコンセルトヘボウ,ベルリンフィル)の演奏会が続けて開かれた.幸運にも正面 2 階席 1 列目のよい席で聴くことができた.

その演奏時の音,響きのよさは想像をはるかに超えるものであった.特に 100 人あまりのフルオーケストラで鳴らす超低音は圧巻で,濁りのない切れのよさと,ホール全体を鳴らすボリューム感に圧倒された.この後 1 週間,自宅のオーディオシステムの電源を入れることはなかった.呆然としていたというのが実情である.

そしてオーディオの諸先達が言われていた「オーディオの最大課題の一つは超低音の再生である」という言葉を再認識した.どうしたらこれらの音,響きを再現できるのか考えあぐねているところである.今のところまったく先が見えない.

今後いろいろ勉強して工夫し,諸先輩に教えを授かり,本当の意味での「コンサートホールでの感動の再現」の実現に向かって進んで行きたい.

# 6dB/octフィルターで音楽再生を追求するマルチアンプシステム

内外のクラシックコンサートを聴き，オーディオ再生の理想を追求する鈴木氏は，オーディオメーカー「協同電子エンジニアリング」会長で，フェーズメーションの音に対するご意見番．その耳にかなった製品だけが市場に出ていく．このリスニングルームはかつては工作室兼オーディオルームであったが，7年ほど前に石井式に改築して，マルチアンプシステムを構成している．その要はチャンネルデバイダーにあった．　　　（MJ編集部）

主にアナログレコードをメインソースとする鈴木氏．カートリッジは自社製品で，ステレオは PP-1000，モノーラルは PP-Mono を使用

神奈川県相模原市
**鈴木信行氏** SUZUKI Nobuyuki

## クロスオーバーネットワークの問題点

　オーディオ入門時に，フルレンジスピーカーを3極管シングルアンプで鳴らしていた当時の，その素晴らしい音に感激を覚えている人は少なくないと思います．

　社会人となり，資金的に余裕が出て2ウエイ，3ウエイスピーカーシステムへと発展していくことになりますが，フルレンジスピーカーで体験したそれ以上の結果は得られない，このあたりがオーディオの趣味に嵌る原点と思うのです．

　手始めにクロスオーバーネットワークを設計し，マルチウエイのスピーカーシステムを試みるのですが，初心時に体験したフルレンジスピーカーほどに良くはならない．メーカー商品には及ばない．これがアマチュアの苦難の始まりであったように思います．やっていくうちに，ネットワークの曲者ぶりを理解するに至るわけで，このあたりの事情は，メーカーの技術者が一番よく知っています．

　何ゆえ難しいか，それはスピーカーのインピーダンスが定まらないからで，その定まらないインピーダンスを定まったものと仮定して設計するのは，その不確定要素をカット＆トライで追いつめていくプロ根性の領域なのです．これこそ「ザ・ノウハウ」であり，メーカーの生きる糧なのです．

　だから，現代の録音スタジオのモニタースピーカーは，ほとんどすべてと言っていいほどにマルチチャンネルアンプ方式を採用しています．それも，スピーカーの箱に組み込んだ小型のDクラスアンプです．つまり，Dクラスアンプを使ってまでしても，ネットワークは使いたくない，よりよい結果を得るには何を切るか，それがネットワークなのです．

　賢明なるアマチュア諸氏は，早々にネットワークを諦め，マルチチャンネルアンプシステムにチャレンジするのですが，よいチャンネルデバイダーが市販品に少ないのも実態です．有名メーカーのものだからと盲信者が多いのもこの世界です．本人が満足しているのだから，余計なことをいう必要はないのですが，オペアンプICを多用した計測器のようなチャンネルデバイダーに良い音を再生する能力はあ

左側のラック最下段はモノーラル構成の真空管フォノEQアンプEA-1000，その上に6dB/octチャンネルフィルター．ATTはトランスと抵抗器を組み合わせたハイブリッド型．上段は真空管ラインコントロールアンプCA-1000．天板にはモノーラル再生用のターンテーブルを置いている．右側のラックは天板にセイコーエプソンΣ5000ターンテーブル，下段にCDトランスポートCT-1とD/AコンバーターHD-7A192を収めている．ターンテーブル以外はフェーズメーション製品を使用

WE91タイプの増幅段を採用した300Bシングルモノーラルパワーアンプ Signature PT-91を，ミッドレンジのドライブに使用

300Bドライブ845シングルのモノーラルパワーアンプ，フェーズメーションMA-1をウーファーのドライブに使用

自作の2A3シングルステレオパワーアンプをトゥイーターのドライブに使用

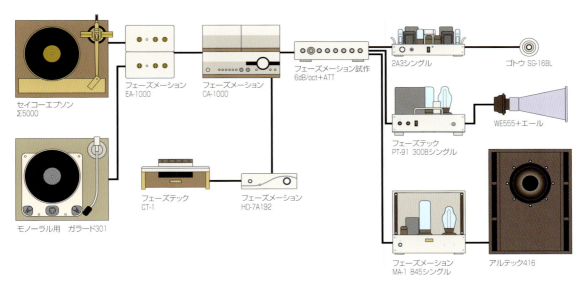

オーディオシステムのブロックダイヤグラム

## デジタルによる急峻な遮断は不自然

　最近では，デジタル方式の商品が出ています．我々が求めるフェーズリニアのフィルターを形成し，オクターブあたりの減衰量が300dBとシャープな特性を実現させる，アナログ技術者にとって，これはもう垂涎の技術です．だから，私は良い音が再生されるだろうと思い，発売されるもの順にすべて入手しました．

　全帯域フェーズリニア，300dB/octのロール（カットオフ周波数における減衰特性）など未体験領域ですから，聴かずにはいられません．チャンネル間をシャープに切ると，その音は一見シャープで歯切れの良い音となり，未体験ゾーンといえましょう．しかし，それはきわめて不自然な音でした．理由はごく当たり前の現象なのです．

　ヴァイオリンのように音域の広い楽器の音は，複数のスピーカーユニット間を音が行き来するさまが聴こえてしまいます．つまり，ヴァイオリンの音域によって一つのヴァイオリンの音が，スピーカーのユニット間を行ったり来たりするのです．これは極端な例であり，だからデジタル方式が悪いと結論付けるのは間違いで，これから使いこなしていく姿勢が必要と思います．ということで，このチャンネル間をシャープに切ることは，もう少し実験を重ねる必要があります．

　デジタル方式でも6dB/octのルーズなものに換えると，実にナチュラルな音になります．音質がスピーカーユニット間で混ざり合うから，しっかりセパレートすべしとおっしゃるベテランのマニアもおられました．私の経験からいうと，それは違うと思います．楽器の音は混ざり合ってハーモニーを創るものです．オーケストラ，合唱団は，その楽器や声質のわずかな差の揺れが音色を創り，ハーモニーを創ります．オーケストラでも第一ヴァイオリンすべてをストラディバリウスにすると，オーケストラの音は世界一になるのではと，バカな質問をした人（私です）がいました．ウィーンフィルのコンサートマスターのキュッフェルさんは「きわめて魅力のない，つまらない音になる」と，ていねいに答えてくれました．

## 結論はアナログの6dB/octフィルター

　さて，問題の核心です．チャンネルデバイダーを経由した信号は，全帯域にわたって位相リニアであることが必須です．それは，ステージの再現性を意味する音場再生の実現に欠かせない条件だからです．この点デジタル方式は問題ありませんが，オペアンプICを用いて計測機器回路を応用したフィルターは相当怪しいです．アナログ回路で間違いなく位相リニアとして動作するフィルター回路は6dB/oct型で，これならデジタル方式に頼る必要はない

低域は大型のマルチダクトエンクロージャーにアルテック416ウーファーを取り付けている．ダクトを2/3塞いで低域をコントロール．中域はWE555レシーバーにエール音響のホーンを取り付けている．トゥイーターはゴトウSG-16BL

トゥイーターから出る音が反射しないよう，東洋紡のダイニーマ不織布を中音ホーンに被せている

のです．しかし，タイムアラインメントなどの多くの可能性を持つデジタル方式は，今後のテーマにするとして，今はシンプルなアナログ方式で追求することにしています．

アナログ方式の問題は，チャンネルごとに音量調節用のVRが必要なことです．その理由は，6dB/octフィルターの素子は，抵抗とコンデンサーが1本ずつと単純なものですが，その定数計算に必要な条件は，フィルター前段の出力インピーダンス=0，フィルターを受ける段の入力インピーダンス=∞，と，この世にあり得ない条件が必要で，それに対してわれわれができることは，この条件に限りなく近接させることしかありません．アナログ方式の難所で技術的な負担となります．そのためにオペアンプIC起用という安易な発想に及ぶのですが，それでは元に戻ってしまいます．この問題に対して，私の会社で開発したハイブリッドATTを使用することにより解決します．これは，見事にジャストミートし，今のところは抜群の好結果が得られています．

## 部屋とオーディオシステム

次に，そのチャンネルデバイダーを用いたシステムの話をすることにします．部屋は，12畳+長手方向に50cm長い，天井高3mの石井伸一郎さんの設計による部屋です．スピーカーは低域が音研箱にアルテック416ウーファーを付けたもの，中域がエール音響の$f_c$=500Hzストレートホーン+WE555，高域はゴトウのベリリウムトゥイーターSG-16BLの3ウエイ構成です．

アンプ系は，低域がフェーズメーションMA-1（845シングル40W），中域が同シグネチャーPT-91（310Aドライブ300Bシングル），高域が自作2A3シングルです．イコライザーアンプはフェーズメーションEA-1000，そしてプリアンプが同CA-1000です．

問題のチャンネルデバイダーは試作品で，本機はやがて正規商品として企画しますが，既成商品とは性格が違うので，販売会社とのすり合わせが必要となり，具体的な発売時期などについては，これから検討するところです．

## 生演奏「らしさ」を追求

オーディオ機器におけるよい音とは何だろうと，メーカーであれば当然考えます．趣味のことだから定義などないのかもしれません．しかし，音楽を聴くツールであることに違いはないから，「生」音楽の再生ということになるのですが，技術が進化するにしたがって，その定義の実現は難しさが鮮明になってくるのです．「デジタルブーム」から「アナログブーム」へ逆転現象など，その典型といえましょう．

リスニングルームは天井高3mを確保するために，1階フロアよりステップ2段分，床面を下げている．床と左右壁面の一部はコルク仕上げとしている

シナ合板の反射面と，グラスウール吸音面とが交互に配置された石井式リスニングルーム．スピーカーシステムとパワーアンプは近接配置．中央の3Dウーファーは現在は使用していない

　結局，「生音楽」の再生など大げさな表現かもしれません．「神を冒涜する行為」であり，永遠に実現できるはずはないと思います．所詮は，いかに「それらしく再現できるか」に尽き，音楽を聴く人の教養，趣味，ひいては哲学にまで及ぶもので，定義などあるはずありません．だから，音楽の演奏家にオーディオを趣味にする人が少ないのも，そのためかもしれません．

　オーディオが趣味という人の中には，アンティーク機器集めが趣味の人，古典ソフトが好きな人，ただ物集めが好きな人，これらすべての人がオーディオの趣味人だから厄介であり，すべてを相手にしていると「お前プロのくせに知らないのか」と来るからたまりません．やたらに低音ばかり追いかける人，ガラスの割れる音，蒸気機関車の音を追求する人，というようにいろいろです．

　だから，われわれが相手にできる「人」を，音楽の好きな「人」，中でも生音楽の「らしさ」を求める人に絞り込む．クラシック音楽の好きな「人」についていうならば，何をもって「らしさ」を感じるのか．たとえばコンサートホールにおけるピアノの音に注目してみると，音の余韻が「ホールに消えゆ

既存の室内側に石井式リスニングルームを施工．ドア部分からその厚さを見ることができる．表面はシナ合板で無塗装

くその最後まで聴き取れる」のは「らしさ」への注力の一つであり，すべての音楽マニアに理解される視点と思うのです．ジャズやフュージョンですと，また違った「らしさ」があります．このような視点を具体的に示しつつ，オーディオ談義を繰り返すのが，よい音を求める視点と思います．

　しかし，商品開発のノウハウを明かすことにもつながりかねないのが悩ましい限りで，手間の掛かるビジネスであることに間違いないでしょう．

> コラム

## 設計と自作が容易なリスニングルームの決定版
## 石井式リスニングルームの基本

松下電器産業に在籍されていた石井伸一郎氏が，テクニクスブランドの製品開発にあたって建築した試聴室をルーツとし，さまざまな建築例とシミュレーションを経て求めた理想の寸法比と，独特の反射・吸音構造を持つリスニングルーム．当初は部屋の中に多角形の壁を作り，その間にグラスウールを充填して低音を吸音し，反射面と吸音面を交互に配置した壁面で音像定位を明確にするものであった．現在では厚さ100mm程度の壁のなかで，胴縁と間柱を組み合わせてグラスウールを入れた吸音構造を採用し，スペースを有効に利用しつつ，効果的な吸音性能を実現している．

理想の寸法比は6畳間に近い1：0.8：0.7で，従来の部屋よりも相対的に天井高が高いのが特徴．既存建物の都合で天井を高くできない場合は，長手壁面側にスピーカーを置くことで，良好な特性を得ることができる．

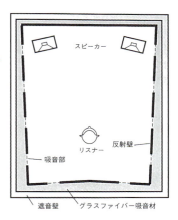 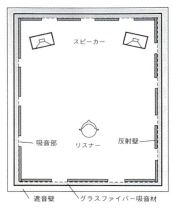

石井式リスニングルームの実例（鈴木信行氏宅）

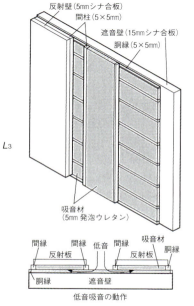

胴縁と間柱を組み合わせ，表面をシナ合板で仕上げた壁面構造

石井式リスニングルームの実例（協同電子エンジニアリング）

石井式リスニングルームの実例（小田木充氏宅）

石井式リスニングルームの実例（南英洋氏宅）

オーディオファンの夢を実現した部屋，厳選40室
# リスニングルーム探訪

NDC 524.96

2019年5月18日　発　行

編　者　MJ無線と実験 編集部
発行者　小川雄一
発行所　株式会社 誠文堂新光社
　　　　〒113-0033 東京都文京区本郷3-3-11
　　　　（編集）03-5800-3612
　　　　（販売）03-5800-5780
　　　　http://www.seibundo-shinkosha.net/
印刷所　広研印刷 株式会社
製本所　和光堂 株式会社

Ⓒ 2019, Seibundo Shinkosha Publishing Co., Ltd.
Printed in Japan
検印省略　本書掲載記事の無断転載転用を禁じます．
万一落丁，乱丁の場合はお取り替えいたします．

本書のコピー，スキャン，デジタル化等の無断複製は，著作権法上での例外を除き，禁じられています．本書を代行業者等の第三者に依頼してスキャンやデジタル化することは，たとえ個人や家庭内の利用であっても著作権法上認められません．

JCOPY〈(一社) 出版者著作権管理機構 委託出版物〉
本書を無断で複製複写（コピー）することは，著作権法上での例外を除き，禁じられています．
本書をコピーされる場合は，そのつど事前に，（一社）出版者著作権管理機構（電話 03-5244-5088/FAX 03-5244-5089/e-mail; info@jcopy.or.jp）の許諾を得てください．

ISBN978-4-416-61984-1